CHENGSHI DIANWANG YINHUAN PAICHA ZHILI
ANLI HUIBIAN

城市电网

隐患排查治理
案例汇编

国网北京市电力公司电力科学研究院　编

中国电力出版社
CHINA ELECTRIC POWER PRESS

内 容 提 要

国网北京市电力公司电力科学研究院对近年来北京地区隐患排查治理工作中发现的典型问题按照不同专业类型进行归纳分析，编写了《城市电网隐患排查治理案例汇编》一书。本书共设有 11 章，包括电网隐患基础知识，以及变电、输电、配电、环境、电网、基建、安全管理、营销、通信和后勤管理 10 个专业的隐患排查治理标准及典型案例。本书将隐患排查问题分类、定级并配以典型案例和照片，指导隐患排查治理工作人员识别隐患、分析隐患及拟定治理措施。

本书可作为隐患排查治理各专业人员的学习资料，也可作为隐患排查治理工作人员的指导手册。

图书在版编目（CIP）数据

城市电网隐患排查治理案例汇编／国网北京市电力公司电力科学研究院编 . —北京：中国电力出版社，2020.10

ISBN 978-7-5198-4741-8

Ⅰ . ①城… Ⅱ . ①国… Ⅲ . ①城市配电网—安全隐患—安全检查—案例—汇编—中国 Ⅳ . ① TM727.2

中国版本图书馆 CIP 数据核字（2020）第 111777 号

出版发行：中国电力出版社		印　　刷：北京瑞禾彩色印刷有限公司
地　　址：北京市东城区北京站西街 19 号		版　　次：2020 年 10 月第一版
邮政编码：100005		印　　次：2020 年 10 月北京第一次印刷
网　　址：http：//www.cepp.sgcc.com.cn		开　　本：787 毫米 ×1092 毫米　横 16 开本
责任编辑：肖　敏（010–63412363）		印　　张：15.25
责任校对：王小鹏		字　　数：187 千字
装帧设计：张俊霞		印　　数：0001—2000 册
责任印制：石　雷		定　　价：78.00 元

编 委 会

主　任　陈　平　邓佳翔

副主任　周松霖　李洪斌

委　员　伍亚萍　及洪泉　段大鹏　穆克彬　李大志　潘　轩　李丽萍

编写人员

主　　编　杨　博　谢　欢　任志刚　叶　宽

参编人员　李洪斌　赵建勇　朱　戎　赵　蕾　伍亚萍　穆克彬　曹全智　李大志　潘　轩

　　　　　赵雪骞　石　磊　周　恺　秦　欢　郭　卫　桂　媛　刘弘景　王　谦　刘若溪

　　　　　张惟中　宗晓茜　孙　力　刘安畅　袁天宇　吕　达　齐伟强　徐兴全　李　伟

　　　　　蔡瀛淼　钱梦迪　门业堃　于　钊　张睿哲　杨　亮　李春生　吴麟琳　车　瑶

　　　　　侯宇程　刘宏亮　张　琛　杨　芮　李明忆　何　楠　蔡　睿　苗　旺　姚玉海

　　　　　潘泽华　王智晖　黄　山　李邦彦　刘可文　滕景竹

前　言

为了更好地满足居民和企业的电力供应，完善电网系统结构，提高电力供应的可靠性，自 2015 年以来，国网北京市电力公司持续深入开展电力设施隐患排查治理工作，按照"谁主管、谁负责"和"全方位覆盖、全过程闭环"的原则，建立"谁排查、谁签字、谁负责"的排查治理工作责任制，以"查思想认识、查责任落实、查制度执行、查隐患整改、查监督考核"为重点，全方位排查安全隐患。国网北京市电力公司电力科学研究院在隐患排查治理相关工作实践中不断积累突出问题和典型案例，并结合隐患的定义、等级划分、专业划分、闭环管理流程等内容，编写了《城市电网隐患排查治理案例汇编》一书。

本书共 11 章，包括电网隐患基础知识、变电专业隐患排查治理标准及典型案例、输电专业隐患排查治理标准及典型案例、配电专业隐患排查治理标准及典型案例、环境专业隐患排查治理标准及典型案例、电网专业隐患排查治理标准及典型案例、基建专业隐患排查治理标准及典型案例、安全管理专业隐患排查治理标准及典型案例、营销专业隐患排查治理标准及典型案例、通信专业隐患排查治理标准及典型案例、后勤管理专业隐患排查治理标准及典型案例。本书根据北京市电网结构特点，依照《安全生产隐患管控治理措施标准》(京电安〔2015〕25 号)，对实际工作中发现的典型问题，按设备类型和隐患管控治理措施标准进行归纳和分类，将典型问题和管控措施以图文并茂的形式展现出来，以便读者直观、清晰地了解隐患排查治理工作中的常见问题和解决方式，指导隐患排查治理工作人员识别隐患、分析隐患及拟定治理措施。

本书简明易懂，实用性强，可作为隐患排查治理各专业人员的学习资料，也可作为隐患排查治理工作人员的指导手册。

由于编者水平有限，书中难免有疏漏、不妥之处，敬请各位读者批评指正！

2020.6

前言

第一章
电网隐患基础知识

第二章
变电专业隐患排查治理标准及典型案例

第三章
输电专业隐患排查治理标准及典型案例

CHAPTER 1

第一章
电网隐患基础知识

国网北京市电力公司积极开展城市电网隐患排查治理工作，本书介绍其工作经验及典型案例。

隐患排查治理实行两个闭环管理（即"两上两下"），其中首先是通过上级公司下达排查任务与各单位反馈排查结果形成的隐患排查闭环管理（即"一下一上"），其次是通过各单位发现评估上报隐患与公司核定下达治理隐患形成的隐患治理闭环管理（即"一上一下"），做到每条隐患"过程可追溯、结果可核查、责任可追究"。

第一节　电网隐患定义及等级划分

一、电网隐患的定义

电网隐患是指安全风险程度较高，且可能导致事故发生的作业场所、设备设施、电网运行状态、人的行为及安全管理方面的缺失。

电力设备的缺陷指运行或备用的设备设施发生异常或存在隐患。这些异常或隐患将影响人身、电网和设备的安全，影响电网和设备的可靠、经济运行，影响设备出力或寿命，影响电能质量。其中，部分电力设备缺陷和电网隐患的关系应作为电网隐患进行管理，超出设备缺陷管理制度规定的消缺周期仍未消除的设备危急缺陷和严重缺陷为事故隐患。被判定为事故隐患的设备缺陷应继续按照国家电网有限公司及各省级电力公司现有设备缺陷管理规定进行处理，同时按事故隐患管理流程进行闭环督办。

二、电网隐患的等级划分

电网安全隐患根据可能造成的事故后果以及《国家电网公司安全隐患排查治理管理办法》[国网（安监 /3）481–2014] 中规定，可分为以下四个等级：Ⅰ级重大事故隐患、Ⅱ级重大事故隐患、一般事故隐患和安全事件隐患。本书中所述的安全隐患指Ⅰ级重大事故隐患、Ⅱ级重大事故隐患、一般事故隐患和安全事件隐患的统称（Ⅰ级重大事故隐患、Ⅱ级重大事故隐患合称重大事故隐患）。安全隐患分级如下：

（1）Ⅰ级重大事故隐患指可能造成以下后果的安全隐患：

1）1~2 级人身、电网或设备事件；

2）水电站大坝溃决事件；

3）特大交通事故，特大或重大火灾事故；

4）重大以上环境污染事件。

（2）Ⅱ级重大事故隐患指可能造成以下后果或安全管理存在以下情况的安全隐患：

1）3~4 级人身或电网事件；

2）3 级设备事件，或 4 级设备事件中造成 100 万元以上直接经济损失的设备事件，或造成水电站大坝漫坝、结构物或边坡垮塌、泄洪设施或挡水结构不能正常运行事件；

3）5 级信息系统事件；

4）重大交通，较大或一般火灾事故；

5）较大或一般等级环境污染事件；

6）重大飞行事故；

7）安全管理隐患：安全监督管理机构未成立，安全责任制未建立，安全管理制度、应急预案严重缺失，安全培训不到位，发电机组（风电场）并网安全性评价未定期开展，水电站大坝未开展安全注册和定期检查等。

（3）一般事故隐患指可能造成以下后果的安全隐患：

1）5~8级人身事件；

2）其他4级设备事件，5~7级电网或设备事件；

3）6~7级信息系统事件；

4）一般交通事故，火灾（7级事件）；

5）一般飞行事故；

6）其他对社会造成影响事故的隐患。

（4）安全事件隐患指可能造成以下后果的安全隐患：

1）8级电网或设备事件；

2）8级信息系统事件；

3）轻微交通事故，火警（8级事件）；

4）通用航空事故征候，航空器地面事故征候。

上述人身、电网、设备和信息系统事件，依据《国家电网公司安全事故调查规程》（国家电网安监〔2011〕2024号）认定。交通、火灾、环境污染事故等依据国家有关规定认定。

事故隐患的等级由事故隐患所在单位按照预评估、评估、核定三个步骤确定。其中，重大事故隐患由国网北京市电力公司相关职能部门确定，一般事故隐患由国网北京市电力公司下属公司确定，安全事件隐患由地市公司各专业部门或专业公司确定。

事故隐患等级实行动态管理。依据事故隐患的发展趋势和治理进展，及时跟踪调查，并对隐患的级别进行相应调整。

第二节　电网隐患的专业分类

依据国网北京市电力公司发布的《安全生产隐患管控治理措施标准》（京电安〔2015〕25号），安全隐患划分为变电、输电、配电、环境、电网、基建、后勤管理、营销、通信和安全管理共十大类进行统计，每一类均包含设备、系统、管理及其他隐患，安全隐患各级分类内容详细如图1-1所示。

1. 变电类

（1）变电一次：主变压器、断路器、组合电器、互感器、隔离开关、开关柜、母线（含绝缘母线）、避雷器、耦合电容器、阻波器、电抗器、电容器组、接地网、一次运行。

（2）变电二次：站用电和直流装置、"五防"装置、变电自动化运行管理。

（3）继电保护：继电保护设备配置、继电保护设备、继电保护设备运行管理和继电保护二次回路。

（4）变电辅助设施：消防设施、技防设施和其他。

2. 输电类

（1）输电电缆线路：电缆线路、电缆终端、电缆中间接头、电缆通道和电缆跨越。

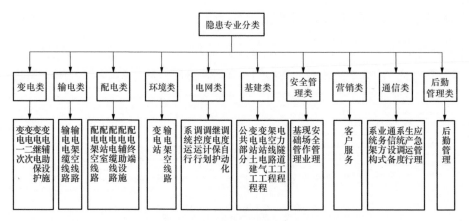

图 1-1　安全隐患各级分类图

（2）输电架空线路（含退运线路）：交叉跨越、基础、导地线、绝缘子、特殊区域、杆塔和金具。

3.配电类

（1）配电架空线路：电杆，横担及金具，绝缘子，导线，拉线、拉桩戗杆，真空负荷开关，用户分界负荷开关，油负荷开关，刀闸跌落式熔断器，避雷器和柱上变压器及变压器台区（简称变台）。

（2）配电站室：环网柜（开闭器）、配电变压器（油浸站用变压器、箱式变压器）、干式变压器、断路器及少油断路器、隔离开关、母线、开关柜、低压柜、防误闭锁和配电站室运行。

（3）配电电缆线路：电缆本体、电缆中间接头、电缆终端、电缆通道（含直埋通道）、环网柜（含开闭器）、10kV电缆分支箱、低压电缆分支箱和配电电缆运行。

（4）配电辅助设施：消防设施和配电设施运行。

（5）配电终端：馈线终端（FTU）和站所终端（DTU）。

4. 环境类

（1）变电站：环境。

（2）输电架空线路：通道环境。

5. 电网类

（1）系统运行：网架结构、短路电流、静态安全水平、稳定分析及运行管理、安全自动装置、无功电压运行管理和重要用户、机网协调、风电大面积脱网。

（2）调控运行：调控运行。

（3）调度计划：负荷预测和停电计划。

（4）继电保护：继电保护定值管理。

（5）调度自动化：调度自动化主站、调度数据网和二次系统信息安全。

6. 基建类

（1）公共部分：施工用电布设和项目部驻地建设。

（2）变电站土建工程：变电站桩基础施工、变电站混凝土基础工程、变电站主建筑物工程、变电站防火墙施工、变电站构支架安装工程、变电站接地网工程、变电站站区道路及围墙工程、变电站消防工程、地下变电站土建施工和钢管脚手架施工。

（3）变电站电气工程：变电站一次设备安装、变电站二次系统、变电站改扩建工程、地下变电站电气设备安装施工、换流站电气设备安装、变电站电气调试试验和投产送电。

（4）架空线路工程：架空线路复测、土石方工程、钢筋工程、基础施工、杆塔施工和架线施工。

（5）电力隧道工程：明开隧道施工、浅埋暗挖隧道施工、盾构隧道施工、竖井起重作业和有限空间作业。

（6）电缆线路工程：电缆敷设、电缆附件安装、电缆试验和电缆停／送电。

7. 安全管理类

（1）基础管理：教育培训和安全规章制度建立。

（2）现场作业：工作组织、工作票管理、作业现场检查、人防、有限空间作业、承发包工程管理、安全防护和特种设备安全管理。

（3）安全管理：安全审计、承（分）包企业安全质量评估、承发包工程安全管理、业务委托安全管理和业务外包安全管理。

8. 营销类

其他：客户服务。

9. 通信类

（1）系统架构：公司本部大楼路由、各二级单位本部路由、重要厂站路由和光缆路径。

（2）业务方式：继电保护和调度自动化。

（3）通信设备：通信光缆、光缆及电缆沟道、通信机房设施、通信电源、通信设备和通信监控。

（4）系统调度：系统调度。

（5）生产运行：检修工作、业务调整、数据备份和日常运维。

（6）应急管理：培训、演练和应急预案。

10. 后勤管理类

后勤管理：消防安全管理、房屋安全管理、特种设备安全管理、车辆及交通安全管理。

第三节　电网隐患排查闭环管理

电网隐患与电力工作人员的生产、生活和工作息息相关，所以各级单位应将电网隐患排查治理纳入日常工作中，由各级单位作为电网隐患排查、治理和防控的责任主体，人力资源、设备管理、调度控制、基建、营销、信息通信、消防保卫和后勤等部门对本专业的隐患进行管理，负责组织、指导、协调专业范围内隐患排查治理工作，承担相应的闭环管理责任，并按照"排查（发现）—评估报告—治理（控制）—验收销号"形成闭环管理。

一、隐患排查（发现）

各级单位、各专业应采取技术、管理措施，结合常规工作、专项工作和监督检查工作排查、发现安全隐患，明确排查的范围和方式方法，专项工作还应制订排查方案。

（1）排查范围应包括所有与生产经营相关的安全责任体系、管理制度、场所、环境、人员、设备设施和活动等。

（2）排查方式主要有：电网年度和临时运行方式分析；各类安全性评价或安全标准化查评；各级各类安全检查；各专业结合年度、阶段性重点工作组织开展的专项隐患排查；设备日常巡视、检修预试、在线监测和状态评估、季节性（节假日）检查；风险辨识或危险源管理；已发生事故、异常、未遂、违章的原因分析，事故案例或安全隐患范例学习等。

（3）排查方案编制应依据有关安全生产法律、法规或者设计规范、技术标准以及企业的安全生产目标等，确定排查目的、参加人员、排查内容、排查时间、排查安排、排查记录要求等内容。

二、电网隐患评估报告

（1）电网隐患的等级由隐患所在单位按照预评估、评估、认定三个步骤确定。重大事故隐患由国网北京市电力公司相关职能部门认定，一般事故隐患由地市公司认定，安全事件隐患由地市公司各专业部门或专业公司认定。

（2）地市和专业公司对于发现的隐患应立即进行预评估。初步判定为一般事故隐患的，1周内报地市公司的专业职能部门，地市公司接报告后1周内完成专业评估、主管领导审定，确定后1周内反馈意见；初步判定为重大事故隐患的，立即报地市公司专业职能部门，经评估仍为重大隐患的，地市公司立即上报国网北京市电力公司专业职能部门核定，公司应于3天内反馈核定意见，地市公司接核定意见后，应于24h内通知重大事故隐患所在单位。

（3）地市公司评估判断存在重大事故隐患后应按照管理关系立即上报国网北京市电力公司的专业职能部门和安全监察部门，并于24h内将详细内容报送国网北京市电力公司专业职能部门核定。

（4）国网北京市电力公司对主网架结构性缺陷、主设备普遍性问题，以及由于重要枢纽变电站、跨多个地市公司管辖的重要输电线路处于检修或切改状态造成的隐患进行评估，确定等级。

三、电网隐患治理（控制）

电网隐患一经确定，隐患所在单位应立即采取防止隐患发展的控制措施，防止事故发生，同时根据隐患具体情况和急迫程度，及时制定治理方案或措施，抓好隐患整改，按计划消除隐患，防范安全风险。

（1）重大事故隐患治理应制订治理方案，由国网北京市电力公司专业职能部门负责或其委托地市公司编制，国网北京市电力公司审查批准，在核定隐患后 30 天内完成编制、审批，并由专业部门定稿后 3 天内抄送国网北京市电力公司安全监察部门备案，受委托管理设备单位应在定稿后 5 天内抄送委托单位相关职能部门和安全监察部门备案。

重大事故隐患治理方案应包括：隐患的现状及其产生原因；隐患的危害程度和整改难易程度分析；治理的目标和任务；采取的方法和措施；经费和物资的落实；负责治理的机构和人员；治理的时限和要求；防止隐患进一步发展的安全措施和应急预案。

（2）一般事故隐患治理应制定治理方案或管控（应急）措施，由地市公司负责在审定隐患后 15 天内完成。其中，《国家电网公司安全隐患排查治理管理办法》第十七条第四款"对由于主网架结构性缺陷，或主设备普遍性问题，以及重要枢纽变电站、跨多个地市公司管辖的重要输电线路处于检修或切改状态造成的隐患进行排查、评估、定级，制定治理方案，明确治理责任主体，并组织实施"规定的隐患治理方案由国网北京市电力公司专业职能部门编制，并经本单位批准。

（3）安全事件隐患应制定治理措施，由地市公司各专业部门或专业公司在隐患认定后 1 周内完成，地市公司有关职能部门予以配合。

（4）电网隐患治理应结合电网规划和年度电网建设、技改、大修、专项活动、检修维护等进行，做到责任、措施、资金、期限和应急预案"五落实"。

（5）各地市公司应与国网北京市电力公司建立安全隐患治理快速响应机制，设立绿色通道，将治理隐患项目统一纳入综合计划和预算优先安排，对计划和预算外急需实施的项目须履行相应决策程序后实施，报总部备案，作为综合计划和预算调整的依据；对治理隐患所需物资应及时调剂、保障供应。

（6）未能按期治理消除的重大事故隐患，经重新评估仍确定为重大事故隐患的须重新制订治理方案，进行整改。对经过治理、危险性确已降低、虽未能彻底消除但重新评估定级降为一般事故隐患的，经国网北京市电力公司核定可划为一般事故隐患进行管理，可在重大事故隐患中销号，但国网北京市电力公司仍要开展动态跟踪直至彻底消除。

（7）未能按期治理消除的一般事故隐患或安全事件隐患，应重新进行评估，依据评估后等级重新填写"重大、一般事故或安全事件隐患排查治理档案表"，重新编号，原有编号撤销。

四、电网隐患治理验收销号

（1）隐患治理完成后，隐患所在单位应及时报告有关情况、申请验收。国网北京市电力公司组织对重大事故隐患治理结果和《国家电网公司安全隐患排查治理管理办法》第十七条第四款（对由于主网架结构性缺陷，或主设备普遍性问题，以及重要枢纽变电站、跨多个地市公司管辖的重要输电线路处于检修或切改状态造成的隐患进行排查、评估、定级、制订治理方案，明确治理责任主体，并组织实施）规定的安全隐患治理结果进行验收，地市公司组织对一般事故隐患治理结果进行验收，专业公司或地市公司各专业部门组织对安全事件隐患治理结果进行验收。

（2）事故隐患治理结果验收应在提出申请后 10 天内完成。验收后填写"重大、一般事故或安全事件隐患排查治理档案表"。重大事故隐患治理应有书面验收报告，并由专业部门定稿后 3 天内抄送国网北京市电力公司安全监察部门备案，受委托管理设备单位应在定稿后 5 天内抄送委托单位相关职能部门和安全监察部门备案。

（3）隐患所在单位对已消除并通过验收的应销号，整理相关资料，妥善存档；具备条件的应将书面资料扫描后上传至信息系统存档。

CHAPTER 2

第二章

变电专业隐患排查
治理标准及典型案例

第一节　变电专业隐患排查治理标准

变电专业隐患排查治理标准

序号	一级分类	二级分类	标准描述	分级
1	变电一次	主变压器	套管瓷套严重破损、有裂纹，超期未处理	安全事件隐患
2			本体、附属设备部位有渗油，超期未处理	安全事件隐患
3			铁芯接地不良或在运行中监测接地线中有环流，超期未处理	安全事件隐患
4			主变压器为薄绝缘、铝线圈变压器，运行时间在 20 年以上，运行缺陷多，不能大修，未改造	一般事故隐患
5			抗短路能力不足，主变压器抗短路耐受能力不足	一般事故隐患
6			有并联运行要求的三绕组变压器的低压侧短路电流超出断路器开断电流时，未增设限流电抗器	安全事件隐患
7			无励磁分接开关在改变分接位置后，未测量使用分接的直流电阻和变比；有载分接开关检修后，未测量全程的直流电阻和变比	安全事件隐患
8			当断路器动作次数或运行时间达到制造厂规定值时，未进行检修，并未测试断路器的切换程序与时间	安全事件隐患

序号	一级分类	二级分类	标准描述	分级
9	变电一次	主变压器	接地引下线为单根布置；中性点未配置两根与地网主网格的不同边连接的接地引下线	安全事件隐患
10			潜油泵的轴承未采取 E 级或 D 级，使用无铭牌、无级别的轴承。强油系统变压器油泵转速超过 1500r/min	安全事件隐患
11			套管末屏接地状况不良	安全事件隐患
12			水冷变压器的水冷系统未采用双层铜管	安全事件隐患
13			强油循环的冷却系统未配置两个相互独立电源，不能自动切换	安全事件隐患
14			变压器冷却系统的工作电源无三相电压监测，任一相故障失电时，无法自动切换至备用电源供电	安全事件隐患
15			变压器本体储油柜与气体继电器间无逆止阀	安全事件隐患
16			未定期对灭火装置进行维护和检查	安全事件隐患
17			作为备品的 110（66）kV 及以上套管，未竖直放置，受潮。针对水平放置保存期超过一年的 110（66）kV 及以上套管，当不能确保电容芯子全部浸没在油面以下时，安装前未进行局部放电试验，以及额定电压下的介质损耗试验和油色谱分析	一般事故隐患
18			声音异常或有异常信号，超期未处理	安全事件隐患
19			状态检测数据异常	安全事件隐患
20			接线端子存在损伤，超期未处理	安全事件隐患

序号	一级分类	二级分类	标准描述	分级
21		主变压器	变压器组分相调压出现不一致，超期未处理	一般事故隐患
22			本体漏气，超期未处理	安全事件隐患
23			本体端子箱密封不严或锈蚀严重，超期未处理	安全事件隐患
24			主变压器运行时间超过 20 年、设备老旧，备品备件缺乏，运行缺陷多，可靠性差，存在运行隐患	一般事故隐患
25	变电一次	断路器	断路器遇故障开断后，油品变黑及断路器喷油	安全事件隐患
26			声音异常或有异常信号，超期未处理	安全事件隐患
27			短路开断次数超限	安全事件隐患
28			接地线已脱落，设备与接地断开	安全事件隐患
29			套管瓷套严重破损或有裂纹，或不满足污秽等级要求	安全事件隐患
30			分、合闸位置远方与当地位置运行状态不符，超期未处理	安全事件隐患
31			本体漏气、漏油，超期未处理	安全事件隐患
32			液压机构、空气压缩机漏油、油位低，超期未处理	安全事件隐患
33			断路器设备机构箱、汇控箱内无完善的驱潮防潮装置；断路器机构箱内凝露、积水严重；隔离开关机构箱漏水	安全事件隐患
34			断路器二次回路采用了 RC 加速设计	安全事件隐患
35			断路器遮断容量不够，断路器短路遮断容量不够	安全事件隐患

序号	一级分类	二级分类	标准描述	分级
36	变电一次	断路器	同型号批次断路器曾出现拉杆断裂、销子脱落	一般事故隐患
37			气动机构未加装汽水分离器	安全事件隐患
38			试验接近临界值，未有效处理	安全事件隐患
39			断路器紧急分闸按钮防误碰措施不够，运行中极有可能发生误碰分闸	安全事件隐患
40			系统短路容量达到或超过设备短路容量80%	安全事件隐患
41			操动机构卡涩或不明原因造成2次及以上非全相动作，同批次设备未检查的	安全事件隐患
42			户外安装的密度继电器无有效的防雨措施	安全事件隐患
43			同型号、同批次断路器存在储能电容器老化，在断路器掉闸一重合一分闸过程中，电容器充电电量不足，造成断路器机构分闸时间长	一般事故隐患
44		组合电器	声音异常或有异常信号，超期未处理	安全事件隐患
45			短路开断次数超限	安全事件隐患
46			接地线已脱落，设备与接地断开	安全事件隐患
47			套管瓷套严重破损或有裂纹，或不满足污秽等级要求	安全事件隐患
48			分、合闸位置远方与当地位置运行状态不符，超期未处理	安全事件隐患
49			本体漏气、漏油，超期未处理	安全事件隐患

序号	一级分类	二级分类	标准描述	分级
50			液压机构、空压机漏油、油位低，超期未处理	安全事件隐患
51			地基下沉造成引线过紧	一般事故隐患
52			断路器机构箱、汇控箱内无完善的驱潮防潮装置；断路器机构箱内凝露、积水严重；隔离开关机构箱漏水	安全事件隐患
53			断路器二次回路采用了 RC 加速设计	安全事件隐患
54			断路器遮断容量不够	安全事件隐患
55			同型号批次设备曾出过现拉杆断裂、销子脱落	一般事故隐患
56			集中供气装置未加装汽水分离器	安全事件隐患
57	变电一次	组合电器	试验接近临界值，未有效处理	安全事件隐患
58			断路器紧急分闸按钮防误碰措施不完备	安全事件隐患
59			系统短路容量达到或超过设备短路容量 80%	安全事件隐患
60			操动机构卡涩或不明原因造成 2 次及以上非全相动作，同批次设备未检查的	安全事件隐患
61			户外安装的密度继电器无有效的防雨措施	安全事件隐患
62			组合电器设备室未安装事故通风系统	安全事件隐患
63			组合电器设备室未安装含氧量和 SF_6 浓度测试装置	安全事件隐患
64			壳体同等位置，三相之间温差超过 1℃时，未及时处理	安全事件隐患

序号	一级分类	二级分类	标准描述	分级
65	变电一次	互感器	声音异常或有异常信号，超期未处理	安全事件隐患
66			本体漏油或漏气，超期未处理	安全事件隐患
67			运行时间较长，严重老化，设备渗油缺陷较多，历年试验多次发生超标，运行中曾数次发生放电现象	一般事故隐患
68			互感器末屏接地不满足要求，末屏接地没有防雨帽，末屏接地锈蚀严重	安全事件隐患
69			接地线已脱落，设备与接地断开	安全事件隐患
70			外绝缘爬距、干弧距离不够，绝缘子伞裙瓷质破损，超过 1 个月未处理	安全事件隐患
71			气体互感器压力表无有效的防雨措施	安全事件隐患
72		隔离开关	静触头有鸟巢，超期未处理	一般事故隐患
73			隔离开关操作不灵活，操作需用大力，易造成支柱绝缘子损坏造成母线被迫停用	安全事件隐患
74			支持绝缘子伞裙瓷质破损，法兰有裂纹，或不满足污秽等级要求，橡胶爬裙表面开裂、脱落	安全事件隐患
75			绝缘子因基础下沉等原因长期承受横向应力	安全事件隐患
76			同一间隔内的多台隔离开关电机电源，在端子箱内未独立设置	安全事件隐患
77			隔离开关与所配装的接地开关间不具备可靠的机械闭锁，或机械闭锁强度不够	安全事件隐患

序号	一级分类	二级分类	标准描述	分级
78		隔离开关	绝缘子金属法兰与瓷件的胶装部位未涂性能良好的防水密封胶	安全事件隐患
79			10kV 开关柜断路器、主隔离开关、接地开关分合闸指示不清	安全事件隐患
80			10kV 线路的有电闭锁装置损坏	安全事件隐患
81			短路开断次数超限	安全事件隐患
82			支持绝缘子伞裙瓷质破损或不满足污秽等级要求	安全事件隐患
83			声音异常或有异常信号，超期未处理	安全事件隐患
84			本体漏气，超期未处理	安全事件隐患
85	变电一次	开关柜	网门结构开关柜未采取相应的防弧光外泄措施	安全事件隐患
86			封闭式开关柜未设置压力释放通道	安全事件隐患
87			高压开关柜内的绝缘件（如绝缘子、套管、隔板和触头罩等）未采用阻燃绝缘材料；外绝缘开裂、破损	安全事件隐患
88			"五防"功能不完备	一般事故隐患
89			开关柜母线室、断路器室、电缆室相互不独立，或不满足相应内部燃弧试验要求	安全事件隐患
90			避雷器、电压互感器等柜内设备未经隔离开关（或隔离手车）与母线相连（严禁与母线直接连接）	安全事件隐患
91			开关柜未选用 IAC 级（内部故障级别）	安全事件隐患

序号	一级分类	二级分类	标准描述	分级
92	变电一次	开关柜	开关柜室未配置通风、除湿防潮设备	安全事件隐患
93		母线（含绝缘母线）	母线严重变形	安全事件隐患
94			支持绝缘子伞裙瓷质破损，或不满足污秽等级要求	安全事件隐患
95			声音异常或有异常信号，超期未处理	安全事件隐患
96			绝缘母线外绝缘开裂，超期未处理	安全事件隐患
97		避雷器	声音异常或有异常信号，超期未处理	安全事件隐患
98			支持绝缘子伞裙瓷质破损，或不满足污秽等级要求	安全事件隐患
99			站内防雷配置不满足要求，热备线路在站端未加装避雷器，降压运行的线路在站端未加装现运行电压等级的避雷器	安全事件隐患
100		耦合电容器	声音异常或有异常信号，超期未处理	安全事件隐患
101			支持绝缘子伞裙瓷质破损，或不满足污秽等级要求	安全事件隐患
102		阻波器	支持绝缘子伞裙瓷质破损，或不满足污秽等级要求	安全事件隐患
103			线路存在卡脖子阻波器	安全事件隐患
104		电抗器	声音异常或有异常信号，超期未处理	安全事件隐患
105			漏油形成油流，超期未处理	安全事件隐患
106			外绝缘破损、开裂；支持绝缘子伞裙瓷质破损，或不满足污秽等级要求	安全事件隐患

序号	一级分类	二级分类	标准描述	分级
107		电抗器	固定螺钉脱落，超期未处理	安全事件隐患
108			电容器渗漏油，超期未处理	安全事件隐患
109			放电线圈首末端未与电容器首末端相连接	安全事件隐患
110		电容器组	已锈蚀、松弛的外熔断器未更换	安全事件隐患
111			外绝缘破损、开裂；支持绝缘子伞裙瓷质破损，或不满足污秽等级要求	安全事件隐患
112			放电线圈未采用全密封结构	安全事件隐患
113		接地网	接地网接地阻抗不符合设计要求，接地网被严重腐蚀未处理	安全事件隐患
114	变电一次		电容电流超过公司技术政策规定值，未及时加装消弧线圈或改为小电阻接地方式	安全事件隐患
115			倒闸操作未严格执行"操作把六关"	安全事件隐患
116			未定期开展事故照明检查	安全事件隐患
117			未按周期全面检查微机防误装置	安全事件隐患
118		一次运行	夏季前未开展变压器冷却系统试验	安全事件隐患
119			未按周期开展设备测温	安全事件隐患
120			未及时进行断路器空气压缩机防水检查，补充润滑油	安全事件隐患
121			未按周期检查、核对连接片、手把等	安全事件隐患

序号	一级分类	二级分类	标准描述	分级
122	变电一次	一次运行	未按要求定期检查带电显示器工作是否正常	安全事件隐患
123			未按要求检查接线箱、端子箱、机构箱等箱体的密封、晾晒情况	安全事件隐患
124			未按要求检查电气设备取暖、驱潮电热	安全事件隐患
125			未结合停电对有载调压变压器的每个分接头进行传动试验	安全事件隐患
126			未对不经常运行的通风装置进行运行试验	安全事件隐患
127			未按周期检查低压电器及漏电保安器	安全事件隐患
128			未对变压器冷却系统的各组冷却器工作状态进行定期轮换运行	安全事件隐患
129			未对 GIS 设备操动机构集中供气站的工作与备用泵进行定期轮换运行	安全事件隐患
130			未对集中通风系统的备用风机和工作风机进行定期轮换运行	安全事件隐患
131			未及时清扫主变压器风冷滤网、设备室通风滤网	安全事件隐患
132			未组织相关人员对新投产设备开展针对性技术培训	安全事件隐患
133			未及时针对新设备投运组织修订现场运行规程，典型操作票不完善	安全事件隐患
134	变电二次	站用电和直流装置	直流系统采用普通交流断路器	安全事件隐患
135			变电站直流系统的馈出网络采用环状供电方式	安全事件隐患
136			上、下级直流断路器间不满足级差配合要求	安全事件隐患
137			未按周期开展直流蓄电池核对性充放电	安全事件隐患

序号	一级分类	二级分类	标准描述	分级
138	变电二次	站用电和直流装置	未按周期进行蓄电池电压测试	安全事件隐患
139			未按周期进行备用充电机启动试验	安全事件隐患
140			220kV 及以上电压等级变电站直流系统配置为单组充电装置和蓄电池	安全事件隐患
141			直流系统的电缆未采用阻燃电缆；两组蓄电池的电缆铺设在同一个通道内；在穿越电缆竖井时，蓄电池电缆未加装金属套管	安全事件隐患
142			双套配置直流系统间的母联切换回路不可靠	安全事件隐患
143			直流系统对负载供电，未按电压等级设置分电屏供电方式，而采用了直流小母线供电方式	一般事故隐患
144			重要 220kV 及以上变电站仅两路站用电，无第三路外来站用电源	安全事件隐患
145			站用电馈线开关与站用变压器总开关级差不配，馈线故障可能引起越级跳母线	安全事件隐患
146			充电装置性能不稳定，经常出现蓄电池组过充或欠充，影响变电所保护及自动装置、自动化及通信系统运行	安全事件隐患
147			长期存在直流系统一点接地，可能造成保护及自动装置失电，或自动化及通信系统停用等	安全事件隐患
148			站用逆变电源无检修旁路	安全事件隐患
149			站用逆变电源交直流回路切换不可靠	安全事件隐患
150			110kV 及以上变电站直流系统未双套配置	一般事故隐患

序号	一级分类	二级分类	标准描述	分级
151	变电二次	站用电和直流装置	直流系统保护、控制电源合用	一般事故隐患
152			直流系统信息未上送调控中心	安全事件隐患
153			直流装置和监控系统的通信存在异常	安全事件隐患
154			直流上送信息不完善，直流电压遥测量以及交流异常信息、电池电压异常遥信未上送	安全事件隐患
155			蓄电池组容量不足	安全事件隐患
156			蓄电池电压均一性差，运行中电池单体电压超过限值	安全事件隐患
157			未规范开展蓄电池电压普测	安全事件隐患
158			直流接地巡检装置故障，超期未处理	安全事件隐患
159			直流装置互投功能异常，超期未处理	安全事件隐患
160			直流系统图纸缺失	安全事件隐患
161		"五防"装置	防误主机或模拟屏一次接线图与现场设备图实不符（含网门、柜门、接地点等）	安全事件隐患
162			断路器或隔离开关电气闭锁回路采用重动继电器，未直接用断路器或隔离开关的辅助触点	安全事件隐患
163			防误装置电源未与继电保护及控制回路电源独立	安全事件隐患
164			未及时备份防误装置主机中一次电气设备信息（"五防"闭锁规则库、锁码库等）	安全事件隐患

序号	一级分类	二级分类	标准描述	分级
165	变电二次	"五防"装置	同一变压器高、中、低三侧的成套 SF$_6$ 组合电器隔离开关和接地开关间无电气联锁	安全事件隐患
166			GIS 组合电器和高压开关柜不具备完备的电气闭锁或机械联锁结构且未采取有效的防误技术措施	安全事件隐患
167			变电站"五防"装置不完善（可能引起误操作）	一般事故隐患
168		变电自动化运行管理	调度范围内的发电厂、110kV 及以上电压等级的变电站的自动化设备通信模块不满足冗余配置要求，未采用专用装置或有旋转部件，未采用专用操作系统	安全事件隐患
169			发电厂、变电站远动装置、计算机监控系统及其测控单元、交换机、时间同步装置、变送器、协转器、光电转换等设备应使用逆变电源或由站内直流电源供电	安全事件隐患
170			主网 500kV 及以上厂站、220kV 枢纽变电站等未部署相量测量装置（PMU）	安全事件隐患
171			发电厂或变电站自动化设备未与一次设备同步投入运行	安全事件隐患
172			发电厂、变电站基（改）建工程中厂站自动化设备的设计、选型不符合调度自动化专业有关规程规定，未经相关调度自动化管理部门同意，自动化设备未采用通过具有国家级检测资质的质检机构检验合格的产品	安全事件隐患
173			厂站自动化设备外壳及电缆屏蔽层没有可靠接地	安全事件隐患
174			厂站自动化系统相关图形、数据、设备配置未按要求进行备份（发生故障不能及时恢复）	安全事件隐患

序号	一级分类	二级分类	标准描述	分级
175	变电二次	变电自动化运行管理	远动机、RTU、交换机等单机设备无备品备件，发生设备故障不能及时恢复	安全事件隐患
176			未结合一次设备检修定期对调度范围内厂站远动信息（含 PMU 信息）进行检验，或检验传动验收记录不完善，遥测精度不满足相关规定要求	安全事件隐患
177			厂站端监控系统事故总信号合并（或计算）不完整，事故总信号未设置 10s 延时	安全事件隐患
178			主变压器、开关等一次设备异常或闭锁的报警信号未采集，未转发至调控中心	安全事件隐患
179			测控装置、逆变电源、时间同步装置、保护装置、消防、辅助设施等二次设备装置异常（包括闭锁）信号采集不全或不准，未转发至调控中心	安全事件隐患
180			调度自动化系统、变电自动化系统、配电自动化系统及其他二次系统中有关管理员、操作员、维护员的遥控权限配置、密码设置、用户管理等不满足公司有关规定	安全事件隐患
181			修改自动化系统信息参数表，未执行编制、审核、审批、核对等流程	安全事件隐患
182	继电保护	继电保护设备配置	双重化配置的两套保护装置，交流电流未分别取自电流互感器互相独立的绕组	一般事故隐患
183			双重化配置的两套保护装置，直流电源未取自不同蓄电池组供电的直流母线段	一般事故隐患

序号	一级分类	二级分类	标准描述	分级
184	继电保护	继电保护设备配置	双重化配置的两套保护装置，跳闸回路与断路器两组跳闸线圈未——对应	一般事故隐患
185			双重化配置的两套保护装置，与其他保护、设备配合的回路未遵循相互独立的原则	一般事故隐患
186			双重化配置的两套保护装置间不经光耦或继电器接点，有直接的电气联系	一般事故隐患
187			双重化配置的线路纵联保护的通道、远方跳闸及就地判别装置，未遵循双重化且相互独立的原则进行配置	一般事故隐患
188			智能变电站保护双重化配置时，保护装置跨接双重化配置的两个网络	一般事故隐患
189			非电量保护的工作电源与跳闸出口电源共用	一般事故隐患
190			闭锁式纵联保护，"其他保护停信"回路直接接入收发信机	一般事故隐患
191			安装在通信机房的继电保护通信接口设备，直流电源没有取自通信直流电源，没有与所接入通信设备的直流电源相对应	一般事故隐患
192		继电保护设备	双重化配置的线路纵联保护，存在某一通信元件异常会导致该线路两套主保护全停的情况	一般事故隐患
193			TA 二次绕组未合理分配，形成保护动作死区。对确实无法解决的保护动作死区，未采取启动失灵和远方跳闸等后备措施进行解决	一般事故隐患
194			双母线接线变电站的母差保护、断路器失灵保护，除跳母联、分段的支路外，未经复合电压闭锁	一般事故隐患

序号	一级分类	二级分类	标准描述	分级
195	继电保护	继电保护设备	220kV 及以上电压等级的母联、分段断路器未配置专用的、具备瞬时和延时跳闸功能的过电流保护	一般事故隐患
196			失灵保护的电流判别元件未采用专用失灵保护功能	一般事故隐患
197			未采用断路器本体的三相不一致保护、防跳及跳、合闸压力闭锁功能	一般事故隐患
198			220kV 及以上变压器保护用 TA 没有采用 TPY 型 TA；各类差动保护中没有使用相同类型的 TA	一般事故隐患
199			智能变电站继电保护装置未采用两路独立的采样系统，每路采样系统未采用双 A/D 系统接入 MU，每个 MU 输出两路数字采样值没有由同一路通到进入一套保护装置	一般事故隐患
200			装置的直流熔断器或自动开关及相关回路的配置出现寄生回路，信号回路直流与其他回路混用	一般事故隐患
201			220kV 及以上变压器、电抗器非电量保护，未同时作用于断路器的两个跳闸线圈	一般事故隐患
202			断路器防跳跃继电器动作时间与断路器动作时间不配合，断路器三相位置不一致保护动作时间的与重合闸动作时间不配合	一般事故隐患
203		继电保护设备运行管理	现场作业现场安全措施执行不到位，无标准化作业指导书、作业指导书执行不到位	一般事故隐患
204			保护备品、备件准备不充分	一般事故隐患
205			未经省级及以上主管部门认可的软件版本投入运行	一般事故隐患

序号	一级分类	二级分类	标准描述	分级
206			差动保护投运前，未按要求测定相、差回路及各中性线的不平衡电流、电压	一般事故隐患
207			基建投产后，继电保护设备未在一年内执行全面校验	一般事故隐患
208			纵联保护通道设备设定了不必要的收、发信环节的延时或展宽时间	一般事故隐患
209			现场二次回路变更未经管理部门同意，二次回路变更后未及时修订相关的图纸资料	一般事故隐患
210			主设备非电量保护防水、防震、防油渗漏、密封性措施不到位	一般事故隐患
211			调控一体操作时，不具备保护投退和定值变更的防误验证机制	一般事故隐患
212	继电保护	继电保护设备运行管理	智能变电站系统配置文件（SCD 文件）未执行规范化管理，验收人员未能对 SCD 文件的修改、存储进行全面管理	一般事故隐患
213			低电阻接地的变电站，一次电缆接地位置不正确；零序 TA 一次螺钉不牢固；零序 TA 极性使用不正确	一般事故隐患
214			电压切换箱的隔离开关并列监视回路与切换回路不对应	一般事故隐患
215			电缆沟内一 / 二次电缆同层布置；二次电缆未使用阻燃性电缆	一般事故隐患
216			二次电缆沟道存在积水	一般事故隐患
217			电缆夹层及沟道内支架出现断裂，影响运行	一般事故隐患
218			保护装置箱体没有可靠接地	一般事故隐患
219			装置、空气开关、手把等标识不清楚，电缆标识不清晰	一般事故隐患

序号	一级分类	二级分类	标准描述	分级
220	继电保护	继电保护设备运行管理	保护连接片（含监控系统中保护软连接片）、小开关投入不满足站内运行方式要求；线路重合闸、自投装置运行情况与运行方式不一致，充电灯显示不正确	一般事故隐患
221			现场运行规程与现场实际不符合，内容不齐全或修订不及时	一般事故隐患
222			保护装置缺陷，消缺周期内未处理	一般事故隐患
223			专业班组或变电站图纸不齐全、不规范	一般事故隐患
224			保护定值、保护台账、保护装置异常（缺陷）、保护的投入和退出以及动作情况的有关记录不齐全、内容不完整	一般事故隐患
225			未按时完成定检计划	一般事故隐患
226			保护装置发生不正确动作后，未及时进行调查分析、检查，没有制定防范措施并监督落实	一般事故隐患
227			保护连接片（含监控系统中保护软连接片）、小开关投入不满足站内运行方式要求；线路重合闸、自投装置运行情况与运行方式不一致，充电灯显示不正确	一般事故隐患
228		继电保护二次回路	双重化配置的保护装置，其功能回路联系设备（如通道、失灵保护等）出现交叉配合，单套设备停用时会导致保护功能的缺失	一般事故隐患
229			变电站内等电网接地网未执行《北京市电力公司变电站二次等电位接地网技术规范》（京电调〔2012〕25号）的有关要求	一般事故隐患
230			微机型继电保护装置二次回路未使用屏蔽电缆，未两端接地，或采用电缆空线代替屏蔽层接地	一般事故隐患

序号	一级分类	二级分类	标准描述	分级
231			与运行无关的二次电缆未及时隔离	一般事故隐患
232			交流电流和交流电压回路、不同交流电压回路、交流和直流回路、强电和弱电回路，以及来自开关场 TV 二次的四根引入线和 TV 开口三角绕组的两根引入线未使用用各自独立的电缆	一般事故隐患
233			TA 的每一套二次绕组未在一点可靠接地	一般事故隐患
234			TV 的接地点未实现一点，TV 中性线有可能断开的开关或熔断器	一般事故隐患
235			TV 的接地线线径小于 $4mm^2$，没有独立接地，没有明显标记	一般事故隐患
236	继电保护	继电保护二次回路	公用 TA 二次绕组的二次回路，未在相关保护屏内一点接地。独立、与其他 TV 和 TA 的二次回路没有电气联系的二次回路未在开关场一点接地	一般事故隐患
237			微机型继电保护光耦开入的动作电压，不满足 55%~70% 直流电源电压动作范围的要求	一般事故隐患
238			涉及直接跳闸的重要回路，不满足 55%~70% 直流电源电压动作范围的要求，其动作功率小于 5W	一般事故隐患
239			保护装置 24V 开入电源被引出保护室	一般事故隐患
240			保护室与通信室间使用双绞双屏蔽电缆的信号线未可靠接地	一般事故隐患
241			微机型保护装置和保护用收发信机的屏蔽机箱破损，接地措施不可靠	一般事故隐患
242			近后备双重化原则配置的继电保护装置，每套保护装置未采用专用直流熔断器或自动开关	一般事故隐患

序号	一级分类	二级分类	标准描述	分级
243	继电保护	继电保护二次回路	保护装置与断路器操作回路电源未分开。双跳闸线圈断路器的两组跳闸回路直流电源未分开，或未采用专用的直流熔断器或自动开关	一般事故隐患
244			继电保护使用的直流电源，纹波系数大于2%，电压不在85%~110%额定电压范围内	一般事故隐患
245			交流电压、电流串入直流回路	一般事故隐患
246			单套配置的断路器失灵保护，未同时作用于断路器的两个跳闸线圈	一般事故隐患
247			保护屏交流电压回路的空气开关与电压回路的总路开关在跳闸时限上无配合关系	一般事故隐患
248	变电辅助设施	消防设施	火灾自动报警系统、自动灭火系统报警控制器未投入运行	安全事件隐患
249			火灾自动报警系统联动控制装置及联动控制回路未有效投入运行	安全事件隐患
250			自动灭火系统运行模式、自控逻辑关系不符合规范要求，存在误动，拒动风险	安全事件隐患
251			火灾应急广播系统未有效投入运行	安全事件隐患
252			无可靠消防水源	安全事件隐患
253			消防水灭火系统各消防水泵及其控制装置、管道、阀门、防冻装置等未有效投入运行	安全事件隐患
254			消防气体灭火系统各气瓶组及其控制装置、管道、阀门等未有效投入运行	安全事件隐患

序号	一级分类	二级分类	标准描述	分级
255			灭火器年度检验工作未按标准、规范要求进行	安全事件隐患
256			灭火器、消防沙箱、消防工具的配备不符合标准要求	安全事件隐患
257			消防装置（设施）未实现报警、故障信号远传	安全事件隐患
258		消防设施	检修现场未落实完善的防火措施，禁火区动火未严格执行动火工作票制度	安全事件隐患
259	变电辅助设施		蓄电池室、油罐室、油处理室等防火、防爆重点场所的照明、通风设备未采用防爆型设备	安全事件隐患
260			大量存放可燃、易爆物品	安全事件隐患
261			周界报警设施不能24h有效布防	安全事件隐患
262		技防设施	防盗视频监控存在盲区，录像存放时间小于30天	安全事件隐患
263			周界报警设施报警故障信号未实现远传	安全事件隐患
264		其他	导体上方护板等导电设备安装不牢固，有造成设备短路的可能	一般事故隐患

第二节 典型案例

一、变电一次

[2-1] 设备渗油——110kV 变电站主变压器底部漏油

编号：2-1	隐患分类：变电	隐患子分类：变电一次	隐患级别：安全事件隐患

隐患问题：110kV 变电站主变压器底部漏油

110kV 变电站 3 号主变压器底部漏油

隐患描述及其后果分析：

110kV 变电站主变压器底部漏油，易造成变压器本体爆炸、主绝缘击穿，对变压器安全运行存在一定的隐患。《国家电网公司安全事故调查规程》第 2.3.7.2 条规定，35kV 以上 110kV 以下主变压器、换流变压器、平波电抗器发生本体爆炸、主绝缘击穿，构成七级设备事件

隐患排查标准要求：

《安全生产隐患管控治理措施标准》（京电安〔2015〕25 号）规定，本体、附属设备部位有渗油，超期未处理，构成安全事件隐患

隐患管控治理措施：

（1）该隐患治理前，每周巡视 1 次，并结合巡视开展状态监测，有异常及时上报；

（2）运维人员应编制该隐患设备可能造成事故的应急处置预案并演练；

（3）及时协调、准备隐患设备处所需备品备件；

（4）结合停电计划，安排检修人员进行施工准备，将密封不严处重新密封；

（5）发现设备油位不满足要求或者发油位低报警时及时安排补油；

（6）当渗漏油情况变严重时，应当安排临时停电计划及时处理；

（7）渗油处理完成后，清理设备本身的油迹

[2-2] 设备接地——110kV 变电站主变压器中性点未采用两根接地线接入地网

编号：2-2	隐患分类：变电	隐患子分类：变电一次	隐患级别：安全事件隐患

隐患问题：110kV 变电站主变压器中性点未采用两根接地线接入地网

110kV 变电站主变压器中性点未采用
两根接地线接入地网

隐患描述及其后果分析：

110kV 变电站主变压器中性点未采用两根接地线接入地网，易造成变压器过电压，烧坏变压器，导致变压器被迫停运，对变压器运行存在一定的隐患。《国家电网公司安全事故调查规程》第 2.3.8.2 条规定，10kV 以上输变电设备跳闸（10kV 线路跳闸重合成功不计），被迫停运、非计划检修、停止备用，或设备异常造成限（降）负荷（输送功率）运行，构成八级设备事件

隐患排查标准要求：

《安全生产隐患管控治理措施标准》（京电安〔2015〕25 号）规定，中性点未配置两根与地网主网格的不同边连接的接地引下线，构成安全事件隐患

隐患管控治理措施：

（1）该隐患治理前，每周巡视 1 次，发现异常及时上报；

（2）运维人员应编制该隐患设备可能造成事故的应急处置预案并演练；

（3）及时申请停电，安排检修人员进行施工准备，按要求加装接地线

[2-3] 设备接地——220kV 变电站 1 号主变压器 220kV 中性点接地引下线为单根

编号：2-3	隐患分类：变电	隐患子分类：变电一次	隐患级别：安全事件隐患

隐患问题：220kV 变电站 1 号主变压器 220kV 中性点接地引下线为单根

中性点接地引下线为单根

隐患描述及其后果分析：

1 号主变压器 220kV 中性点接地引下线为单根，易造成变压器过电压，烧坏变压器，导致变压器被迫停运，对变压器安全运行存在一定的隐患。《国家电网公司事故调查规程》第 2.3.8.2 条规定，10kV 以上输变电设备跳闸（10kV 线路跳闸重合成功不计）、被迫停运、非计划检修、停止备用，或设备异常造成限（降）负荷（输送功率）运行，构成八级设备事件

隐患排查标准要求：

《安全生产隐患管控治理措施标准》（京电安〔2015〕25 号）规定，中性点未配置两根与地网主网格的不同边连接的接地引下线，构成安全事件隐患

隐患管控治理措施：

（1）运维人员在雷雨后或操作后，记录避雷器计数器动作情况，检查设备运行状况，发现异常应及时上报。

（2）安排检修人员进行施工准备，同时将隐患及时纳入隐患系统并制订停电检修计划；申报大修项目，结合变压器停电对接地引线进行改造，给中性点配置两根与地网主网格的不同边连接的接地引下线。

（3）运维人员完善该隐患设备可能造成事故的应急处置预案并演练。治理前加强巡视，当接地线通过大电流后及时安排对接地铜排进行试验

[2-4] 设备超期——35kV 变电站 1 号、2 号两台主变压器超期服役

编号：2-4	隐患分类：变电	隐患子分类：变电一次	隐患级别：一般事故隐患
隐患问题：35kV 变电站 1 号、2 号两台主变压器超期服役			

35kV 变电站 1 号、2 号两台主变压器
超期服役

隐患描述及其后果分析：

35kV 变电站 1 号、2 号两台主变压器出厂日期均为 1986 年 11 月，该设备老旧，备品备件缺乏，运行缺陷多，可靠性差，易造成变电站 35kV 主变压器随时发生故障，导致设备被迫停运。《国家电网公司安全事故调查规程》第 2.3.7.2 条规定，35kV 以上输变电主设备被迫停运，时间超过 24h，构成七级设备事件

隐患排查标准要求：

《安全生产隐患管控治理措施标准》（京电安〔2015〕25 号）规定，主变压器运行时间超过 20 年，设备老旧，备品备件缺乏，运行缺陷多，可靠性差，存在运行隐患，构成一般事故隐患

隐患管控治理措施：

（1）安排检修人员进行施工准备，同时将隐患及时纳入检修计划。

（2）根据设备状态评价结果，对评价结果为非正常状态的设备开展差异化管理，加强巡视及状态检测工作，有异常及时上报处理。

（3）运维人员应编制该隐患设备可能造成事故的应急处置预案并演练。

（4）及时协调、准备隐患设备处所需变压器。

（5）根据运行及检修情况，不满足运行要求的及时安排停电更换变压器

[2-5] 设备密封——110kV 变电站 10kV1 号、2 号电容器放电线圈未采用全密封结构

编号：2-5	隐患分类：变电	隐患子分类：变电一次	隐患级别：安全事件隐患

隐患问题：110kV 变电站 10kV1 号、2 号电容器放电线圈未采用全密封结构

10kV1 号、2 号电容器放电线圈未采用
全密封结构

隐患描述及其后果分析：

110kV 变电站 10kV1 号、2 号电容器放电线圈未采用全密封结构，且 1 号电容器 211 放电线圈有渗油隐患，易造成变电站电容器组被迫停用。《国家电网公司安全事故调查规程》第 2.3.8.2 条规定，10kV 以上输变电设备跳闸（10kV 线路跳闸重合成功不计）、被迫停运、非计划检修、停止备用，或设备异常造成限（降）负荷（输出功率）运行，构成八级设备事件

隐患排查标准要求：

《安全生产隐患管控治理措施标准》（京电安〔2015〕25 号）规定，放电线圈未采用全密封结构，构成安全事件隐患

隐患管控治理措施：

（1）加强巡视，监督消弧线圈运行状态；

（2）制订整改计划，认真落实整改措施；

（3）加强事故预演，做好事故应对措施；

（4）结合停电，更换全密封结构的放电线圈

[2-6] 家族性缺陷——变电站 145-5 隔离开关存在电瓷厂绝缘子（隔离开关）家族性缺陷

编号：2-6	隐患分类：变电	隐患子分类：变电一次	隐患级别：安全事件隐患

隐患问题：变电站 145-5 隔离开关存在电瓷厂绝缘子（隔离开关）家族性缺陷

隔离开关绝缘子存在家族性缺陷

隐患描述及其后果分析：

145-5 隔离开关存在电瓷厂绝缘子（隔离开关）家族性缺陷，易造成隔离开关操作困难，导致支柱绝缘子损坏，对设备操作和检修工作安全存在一定的隐患。《国家电网公司事故调查规程》第 2.3.8.2 条规定，10kV 以上输变电设备跳闸（10kV 线路跳闸重合成功不计）、被迫停运、非计划检修、停止备用，或设备异常造成限（降）负荷（输送功率）运行，构成八级设备事件

隐患排查标准要求：

《安全生产隐患管控治理措施标准》（京电安〔2015〕25 号）规定，隔离开关操作不灵活，操作需用大力，易造成支柱绝缘子损坏造成母线被迫停用，构成安全事件隐患

隐患管控治理措施：

（1）运维人员加强巡视，操作前要注意观察，有异常应立即停止操作，并迅速上报。操作时做好人身安全防护。

（2）操作时，做好监护，并注意操作站位；操作人员由有经验的担当。发现异常应马上停止操作，异常排除后方可开展后续工作。

（3）检修单位应做好备品储备，准备好抢修人员，遇到问题时应及时安排进行抢修。

（4）因产品设计造成的隐患，安排技改项目，结合停电进行隔离开关检修工作

[2-7] 状态检测异常——变电站 35kV 34-5 A 相隔离开关触头异常发热

编号：2-7	隐患分类：变电	隐患子分类：变电一次	隐患级别：一般事故隐患

隐患问题：变电站 35kV34-5 A 相隔离开关触头异常发热

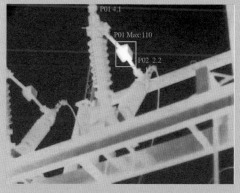

35kV 34-5 A 相隔离开关触头异常发热

隐患描述及其后果分析：

35kV34-5 A 相隔离开关触头异常发热，温度过高，易造成接触电阻增大，逐步导致触头烧坏，造成弧光短路，对变电站安全运行存在一定的隐患。《国家电网公司安全事故调查规程》第 2.3.7.2 条规定，35kV 以上输变电主设备被迫停运，时间超过 24h，构成七级设备事件

隐患排查标准要求：

《安全生产隐患管控治理措施标准》（京电安〔2015〕25 号）规定，隔离开关宜采用外压式或自力式触头，触头弹簧应进行防腐、防锈处理。内拉式触头应采用可靠绝缘措施以防治弹簧分流，构成一般事故隐患

隐患管控治理措施：

（1）该隐患治理前，增加特巡，并结合巡视开展状态监测及测温，有异常及时上报；

（2）运维人员应编制该隐患设备可能造成事故的应急处置预案并演练；

（3）及时协调、准备隐患设备处所需备品备件；

（4）结合天气状态，及时申请停电，安排检修人员进行施工准备，将断裂的端子进行更换

[2-8] 容量不足——110kV 变电站 10kV 消弧线圈容量不够

编号：2-8	隐患分类：变电	隐患子分类：变电一次	隐患级别：安全事件隐患

隐患问题：110kV 变电站 10kV 消弧线圈容量不够

10kV 消弧线圈容量不够

隐患描述及其后果分析：

10kV 消弧线圈容量不够，易造成无法保证足够的过补偿度，形成严重的串联谐振过电压，严重威胁设备安全，导致设备被迫停运。《国家电网公司安全事故调查规程》第 2.3.8.2 条规定，10kV 以上输变电设备跳闸（10kV 线路跳闸重合成功不计）、被迫停运、非计划检修、停止备用，或设备异常造成限（降）负荷（输出功率）运行，构成八级设备事件

隐患排查标准要求：

《安全生产隐患管控治理措施标准》（京电安〔2015〕25 号）规定，电容电流超过国网北京市电力公司技术政策规定值，未及时加装消弧线圈或改为小电阻接地方式，构成安全事件隐患

隐患管控治理措施：

（1）每年安排一次容流测试，发现异常时立即上报；

（2）当容流增大过多时，立即安排实测，有问题及时处理；

（3）有接地故障发生时，及时安排特巡，检查设备有无异常；

（4）做好设备故障现场处置方案，进行审核和演练；

（5）申请检修技改项目及资金，安排加装或增容消弧线圈或改为小电阻接地方式

[2-9] 设备断裂——变电站 1 号变压器 10kV 出线 C 相套管连接端子断裂

编号：2-9	隐患分类：变电	隐患子分类：变电一次	隐患级别：安全事件隐患

隐患问题：变电站 1 号变压器 10kV 出线 C 相套管连接端子断裂

1 号变压器 10kV 出线 C 相套管
连接端子断裂

隐患描述及其后果分析：

1 号变压器 10kV 出线 C 相套管连接端子断裂，易造成出线电缆与端子虚接，可能引起放电现象，损坏设备导致设备停运。对变电站安全运行存在一定的隐患。《国家电网公司安全事故调查规程》第 2.3.8.2 条规定，10kV 以上输变电设备跳闸（10kV 线路跳闸重合成功不计）、被迫停运、非计划检修、停止备用，或设备异常造成限（降）负荷（输出功率）运行，构成八级电网事件

隐患排查标准要求：

《安全生产隐患管控治理措施标准》（京电安〔2015〕25 号）规定，接线端子存在损伤，超期未处理，构成安全事件隐患

隐患管控治理措施：

（1）该隐患治理前，增加特巡，并结合巡视开展状态监测及测温，有异常及时上报；

（2）运维人员应编制该隐患设备可能造成事故的应急处置预案并演练；

（3）及时协调、准备隐患设备处所需备品备件；

（4）结合天气状态，及时申请停电，安排检修人员进行施工准备，将断裂的端子进行更换

二、变电二次

[2-10] 交直流混接——110kV 变电站 35kV 断路器储能空气开关交、直流混用

编号：2-10	隐患分类：变电	隐患子分类：变电二次	隐患级别：安全事件隐患
隐患问题：110kV 变电站 35kV 断路器储能空气开关交、直流混用			

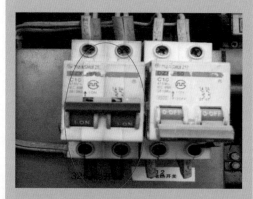

35kV 断路器储能空气开关交、直流混用

隐患描述及其后果分析：
　110kV 变电站 35kV 断路器储能空气开关为交流空气开关 C65N 10A，存在交、直流断路器混用的问题，易造成变电站 35kV 断路器储能二次电源全失，使 35kV 开关被迫停运。《国家电网公司安全事故调查规程》第 2.3.8.2 条规定，10kV 以上输变电设备跳闸（10kV 线路跳闸重合成功不计）、被迫停运、非计划检修、停止备用，或设备异常造成限（降）负荷（输送功率）运行，构成八级设备事件

隐患排查标准要求：
《安全生产隐患管控治理措施标准》（京电安〔2015〕25 号）规定，直流系统采用普通交流断路器，构成安全事件隐患

隐患管控治理措施：
（1）联系相关单位进行现场工作查看，并尽快进行更换；
（2）加强监视，增加巡视次数并对其进行测量

[2-11]"五防"装置——110kV 变电站 1 号主变压器 35kV 侧母线接地桩未在"五防"模拟图版上标注

编号：2-11	隐患分类：变电	隐患子分类：变电二次	隐患级别：安全事件隐患

隐患问题：110kV 变电站 1 号主变压器 35kV 侧母线接地桩未在"五防"模拟图版上标注

1 号主变压器 35kV 侧母线接地桩未在"五防"模拟图版上标注

隐患描述及其后果分析：

110kV 变电站 1 号主变压器 35kV 侧母线接地桩未在"五防"模拟图版上标注，易造成人员误操作，对人身、设备安全造成隐患并造成一定的经济损失。《国家电网公司安全事故调查规程》第 2.3.8.1 条规定，造成 5 万元以上 10 万元以下直接经济损失者，构成八级设备事件

隐患排查标准要求：

《安全生产隐患管控治理措施标准》（京电安〔2015〕25 号）规定，防误主机或模拟屏一次接线图与现场设备图实不符（含网门、柜门、接地点等），构成安全事件隐患

隐患管控治理措施：

（1）严格执行操作把六关制度，加强操作票练功，做好操作把关，并做好现场核对；

（2）落实隐患告知制度，将隐患情况及时通知公司所辖变电运维人员；

（3）安排专人负责尽快联系厂家对模拟图版进行整改，增加接地点位，并制作逻辑关系，组织人员验收通过；

（4）运维人员查找出与现场不符的地方，用临时标签进行修改，并修改规则库；

（5）与现场设备核实，进行整改

[2-12]"五防"装置——110kV变电站"五防"挂锁损坏

编号：2-12	隐患分类：变电	隐患子分类：变电二次	隐患级别：一般事故隐患

隐患问题：110kV变电站"五防"挂锁损坏

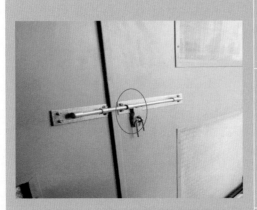

110kV变电站"五防"挂锁损坏

隐患描述及其后果分析：
110kV变电站2号所内电容器网门挂锁损坏，无法完全关闭，易造成人员随意进出，可能致使人员触电，造成伤害。《国家电网公司安全事故调查规程》第2.1.2.7条规定，无人员死亡和重伤，但造成3人以上5人以下轻伤者，构成七级人身事件

隐患排查标准要求：
《安全生产隐患管控治理措施标准》（京电安〔2015〕25号）规定，变电站"五防"装置不完善（可能引起误操作），构成一般事故隐患

隐患管控治理措施：
（1）暂时用其他锁具把网门锁好完成"五防"闭环，交接班时叮嘱上班人员作好记录，加强巡视；
（2）如遇临时工作要打开网门需专设专责监护人现场把关；
（3）及时对损坏的"五防"挂锁进行更换

[2-13] 交直流电源——110kV 变电站站用直流电源系统蓄电池电缆未加装金属套管

编号：2-13	隐患分类：变电	隐患子分类：变电二次	隐患级别：安全事件隐患

隐患问题：110kV 变电站站用直流电源系统蓄电池电缆未加装金属套管

蓄电池电缆未加装金属套管

隐患描述及其后果分析：

110kV 变电站直流系统两组蓄电池电缆未加装金属套管，可能造成变电站直流全失。《国家电网公司安全事故调查规程》第 2.3.8.2 条规定，10kV 以上输变电设备跳闸（10kV 线路跳闸重合成功不计）、被迫停运、非计划检修、停止备用，或设备异常造成限（降）负荷（输送功率）运行，构成八级设备事件

隐患排查标准要求：

《安全生产隐患管控治理措施标准》（京电安〔2015〕25 号）规定，两组蓄电池的电缆铺设在同一个通道内；在穿越电缆竖井时，蓄电池电缆未加装金属套管，构成安全事件隐患

隐患管控治理措施：

（1）加强巡视工作，发现电缆周边有可燃易燃物时及时清理；

（2）调控监视人员加强直流系统信号监视，发现异常信号及时通知运维人员到站检查；

（3）做好消防器材维保工作；

（4）申请技改项目进行改造

第二章 变电专业隐患排查治理标准及典型案例

三、继电保护

[2-14] 等电位地网——110kV 变电站未按规定敷设等电位地网

编号：2-14	隐患分类：变电	隐患子分类：继电保护	隐患级别：一般事故隐患

隐患问题：110kV 变电站未按规定敷设等电位地网

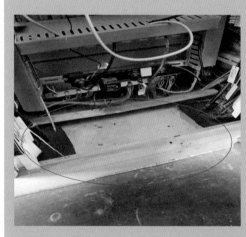

110kV 变电站未按规定敷设等电位地网

隐患描述及其后果分析：
　　110kV 及以上 500kV 以下变电站二次等电位接地网未敷设不符合规定，易导致保护装置故障率增加，对站内设备运行存在一定安全隐患。《国家电网公司安全事故调查规程》第 2.2.7.6 条规定，110kV（含 66kV）系统中，断路器失灵、继电保护或自动装置不正确动作致使越级跳闸，构成七级电网事件

隐患排查标准要求：
　　《安全生产隐患管控治理措施标准》（京电安〔2015〕25 号）规定，变电站内等电网接地网未执行《北京市电力公司变电站二次等电位接地网技术规范》（京电调〔2012〕25 号）的有关要求，构成一般事故隐患

隐患管控治理措施：
（1）加强变电站巡视工作，检查站内相关保护装置异常告警情况，及时上报；
（2）调控中心应按照变电站重要程度，列入专项技改项目，逐步完成二次等电位接地网改造工作；
（3）调控中心对隐患台账进行审核，监督检修单位及时制订整改计划

[2-15] 交直流混接——110kV 变电站 112 机构箱柜内的交、直流接线接在同一段端子排

编号：2-15	隐患分类：变电	隐患子分类：继电保护	隐患级别：一般事故隐患

隐患问题：110kV 变电站 112 机构箱柜内的交、直流接线接在同一段端子排

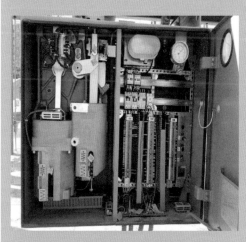

112 机构箱柜内的交、直流接线接在同一段端子排

隐患描述及其后果分析：

110kV 变电站 112 机构箱柜内的交、直流接线接在同一段端子排，不满足相关规定，对断路器安全运行存在一定的隐患。《国家电网公司安全事故调查规程》第 2.3.8.2 条规定，10kV 以上输变电设备跳闸（10kV 线路跳闸重合成功不计）、被迫停运、非计划检修、停止备用，或设备异常造成限（降）负荷（输送功率）运行，构成八级设备事件

隐患排查标准要求：

《安全生产隐患管控治理措施标准》（京电安〔2015〕25 号）规定，双重化配置的两套保护装置，与其他保护、设备配合的回路未遵循相互独立的原则，构成一般事故隐患

隐患管控治理措施：

（1）该隐患治理前，每周巡视 1 次，有异常及时上报；

（2）运维人员应编制该隐患设备可能造成事故的应急处置预案并演练；

（3）现场出现交直流混电源时，检修单位应通知运行人员立即列入危急缺陷进行处理，并通知上级管理部门；

（4）处理前，检修单位将排查结果列入隐患统计台账，审核后上报隐患管理系统；

（5）调控中心对隐患台账进行审核，监督检修单位及时安排检修计划进行检查处理

[2-16] 设备老化——35kV 变电站二次设备老化

编号：2-16	隐患分类：变电	隐患子分类：继电保护	隐患级别：一般事故隐患

隐患问题：35kV 变电站二次设备老化

35kV 变电站二次设备老化

隐患描述及其后果分析：

35kV 变电站继电保护装置于 1991 年投运，为电磁型保护，运行 20 多年，设备老化，易发生设备故障，不利于电网安全稳定。《国家电网公司安全事故调查规程》第 2.2.7.1 条规定，35kV 以上输变电设备异常运行或被迫停止运行，并造成减供负荷者，构成七级电网事件

隐患排查标准要求：

《国家电网公司十八项电网重大反事故措施》规定，继电保护装置的配置和选型，必须满足有关规程规定的要求，并经过继电保护管理部门同意。保护选型应采用技术成熟、性能可靠、质量优良并经国家电网公司组织的专业检测合格的产品，未满足此项规定，构成一般事故隐患

隐患管控治理措施：

（1）运行人员每月定期完成保护设备的运行巡视工作，发现问题及时处理；

（2）保护专业人员严格执行校验管理，确保按期校验和校验质量；

（3）提前补充备品备件，确保缺陷能够及时处理；

（4）列入专项技改项目，安排停电，更换老化设备

[2-17] 电源设置——35kV 变电站 2 号主变压器微机型保护控制电源与保护电源未分开设置

编号：2-17	隐患分类：变电	隐患子分类：继电保护	隐患级别：安全事件隐患

隐患问题：35kV 变电站 2 号主变压器微机型保护控制电源与保护电源未分开设置

2 号主变压器微机型保护控制电源与
保护电源未分开设置

隐患描述及其后果分析：

巡视中发现 35kV 变电站 2 号主变压器微机型保护控制电源与保护电源未分开设置，易造成保护装置回路故障影响开关跳闸。《国家电网公司安全事故调查规程》第 2.2.7.1 条规定，35kV 以上输变电设备异常运行或被迫停止运行，并造成减供负荷者，构成七级电网事件

隐患排查标准要求：

《安全生产隐患管控治理措施标准》（京电安〔2015〕25 号）规定，保护装置与断路器操作回路电源未分开。双跳闸线圈断路器的两组跳闸回路直流电源未分开，或未采用专用的直流熔断器或自动开关，构成安全事件隐患

隐患管控治理措施：
（1）检修单位将排查结果列入隐患统计台账，审核后上报隐患系统；
（2）检修单位定期对相关设备进行专项检查，发现异常及时上报；
（3）检修班组提前准备备品备件，并安排检修计划；
（4）结合变电站智能化改造工程，停电改造回路，传动回路，消除隐患

四、变电辅助设施

[2-18] 消防设施——110kV 变电站隧道电缆敷设施工部位消防器材缺失

编号：2-18	隐患分类：变电	隐患子分类：变电辅助设施	隐患级别：安全事件隐患
隐患问题：110kV 变电站隧道电缆敷设施工部位消防器材缺失			

110kV 变电站隧道电缆敷设施工部位
消防器材缺失

隐患描述及其后果分析：

110kV 变电站隧道电缆敷设施工部位消防器材缺失，火灾时可能造成人员伤害。《国家电网公司安全事故调查规程》第 2.1.2.7 条规定，无人员死亡和重伤，但造成 3 人以上 5 人以下轻伤者，构成七级人身事件

隐患排查标准要求：

《安全生产隐患管控治理措施标准》（京电安〔2015〕25 号）规定，灭火器、消防沙箱、消防工具的配备不符合标准要求，构成安全事件隐患

隐患管控治理措施：

（1）尽快增加灭火器；

（2）加强意外事故应急预案，发生事故时，快速妥善处置；

（3）及时协调、准备隐患设备处所需备品备件；

（4）不符合标准的安排资金大修、更换或添置

[2-19] 消防设施——变电站消防设备故障

编号：2-19	隐患分类：变电	隐患子分类：变电辅助设施	隐患级别：安全事件隐患

隐患问题：变电站消防设备故障

变电站消防设备故障

隐患描述及其后果分析：

变电站火灾报警器故障不能正常工作，火灾突发时无法及时发出警报，对变电站安全运行存在一定的隐患。《国家电网公司安全事故调查规程》第 2.3.7.6 条规定，发生火灾，构成七级设备事件

隐患排查标准要求：

《安全生产隐患管控治理措施标准》（京电安〔2015〕25 号）规定，消防装置（设施）未实现报警、故障信号远传，构成安全事件隐患

隐患管控治理措施：

（1）该隐患治理前，增加巡视，有异常及时上报；

（2）运维人员应编制该隐患设备可能造成事故的应急处置预案并演练；

（3）及时协调、准备，运维人员进行处理，并定期维护消防设备；

（4）安排好备品备件配备，为隐患治理做好准备

第二章 变电专业隐患排查治理标准及典型案例

[2-20] 辅助设施——110kV 变电站开关室 112TV 上方渗漏雨水

编号：2-20		隐患分类：变电		隐患子分类：变电辅助设施		隐患级别：一般事故隐患

隐患问题：110kV 变电站开关室 112TV 上方渗漏雨水

110kV 变电站开关室 112TV 上方渗漏雨水

隐患描述及其后果分析：

110kV 变电站开关室 112TV 上方渗漏雨水，易造成 110kV 设备短路，可造成 110kV 变电站全站停电。《国家电网公司安全事故调查规程》第 2.2.6.2 条规定，变电站内 110kV（含 66kV）母线非计划全停，可构成六级电网事件

隐患排查标准要求：

《北京市电力公司防汛工作评估实施细则》（京电运检〔2013〕16 号）规定，墙体应无水渍、墙皮涂层脱落，未满足此项规定，构成一般事故隐患

隐患管控治理措施：

（1）隐患消除前安排运行人员缩短巡视周期，发现隐患进一步发展时及时上报处理。

（2）进行屋顶防水大修工作。

（3）开展事件风险的分析工作，制订变电事故预案，并定期演练、修订。制定完善的运行监视及操作细则，明确重点监视设备，制定倒闸操作细则

[2-21] 辅助设施——110kV 变电站 10kV 电缆夹层墙壁渗水

编号：2-21	隐患分类：变电	隐患子分类：变电辅助设施	隐患级别：一般事故隐患

隐患问题：110kV 变电站 10kV 电缆夹层墙壁渗水

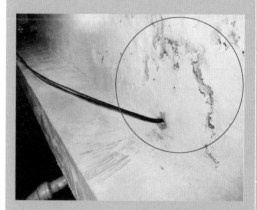

110kV 变电站 10kV 电缆夹层墙壁渗水

隐患描述及其后果分析：

110kV 变电站 10kV 电缆夹层墙壁渗水，易造成电缆夹层中电缆浸泡在水中，对电网安全运行设备设施正常运转造成极大威胁。《国家电网公司安全事故调查规程》第 2.3.7.1 条规定，造成 10 万元以上 20 万元以下直接经济损失者，构成七级设备事件

隐患排查标准要求：

《北京市电力公司防汛工作评估实施细则》（京电运检〔2013〕16 号）规定，墙体应无水渍、墙皮涂层脱落，未满足此项规定，构成一般事故隐患

隐患管控治理措施：

（1）尽快上报，联系专业维修队伍，加强巡视检查；

（2）准备好防水防潮物资，做好管道大面积漏水的应急方案；

（3）安排专人进行特巡，并缩短巡视周期，发现有异常情况时及时上报处理

[2-22] 辅助设施——110kV 变电站西北角排水管损坏

编号：2-22	隐患分类：变电	隐患子分类：变电辅助设施	隐患级别：一般事故隐患

隐患问题：110kV 变电站西北角排水管损坏

110kV 变电站西北角排水管损坏

隐患描述及其后果分析：

110kV 变电站西北角排水管损坏，导致站内积水无法顺利排出，威胁变电站的设备设施安全，可能造成 10 万元以上 20 万元以下直接经济损失。《国家电网公司安全事故调查规程》第 2.3.7.1 条规定，造成 10 万元以上 20 万元以下直接经济损失者，构成七级设备事件

隐患排查标准要求：

《北京市电力公司防汛工作评估实施细则》（京电运检〔2013〕16 号）规定，生产、生活应有相应排水措施，未满足此项规定，构成一般事故隐患

隐患管控治理措施：

（1）现场存在的隐患及时汇报相关职能部门；

（2）制订整改计划，在整改完成之前加强对此变电站的巡视；

（3）及时按照计划修缮院墙，确保变电站及工作人员安全

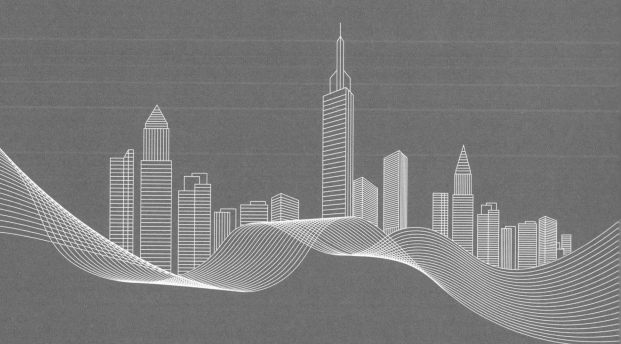

CHAPTER 3

第三章

输电专业隐患排查
治理标准及典型案例

第一节　输电专业隐患排查治理标准

输电专业隐患排查治理标准

序号	一级分类	二级分类	标准描述	分级
1	输电电缆线路	电缆线路	耐压试验前后，主绝缘电阻值下降	一般事故隐患
2			重载和重要电缆线路因运行温度变化产生蠕变，出现异常未及时处理	一般事故隐患
3			开展电缆线路状态评价，对处于注意状态、异常状态和严重状态的电缆线路未及时检修	一般事故隐患
4			在变电站电缆夹层、竖井等缆线密集区域内布置电力电缆接头	一般事故隐患
5			运行在潮湿或浸水环境中的 110（66）kV 及以上电压等级的电缆无纵向阻水功能，电缆附件密封防潮性能不满足要求；35kV 及以下电压等级电缆附件的密封防潮性能不能满足长期运行需要	一般事故隐患
6			同一受电端的双回或多回电缆线路未选用不同制造商的电缆、附件	一般事故隐患
7			电缆外护套破损、变形	一般事故隐患
8		电缆终端	电气连接处实测温度异常	一般事故隐患
9			破损	一般事故隐患
10			表面有放电痕迹	一般事故隐患

序号	一级分类	二级分类	标准描述	分级
11	输电电缆线路	电缆中间接头	有裂纹（撕裂）或破损	一般事故隐患
12			被污水浸泡、杂物堆压，水深超过 1m	一般事故隐患
13			底座接头腐蚀进展很快，表面出现腐蚀物沉积，受力部位截面积明显变小	一般事故隐患
14			无防火阻燃措施	一般事故隐患
15			相间温差异常	一般事故隐患
16		电缆通道	塌陷、沉降、错位	一般事故隐患
17			排水设施损坏	安全事件隐患
18			通风设施损坏	安全事件隐患
19			支架等金属件锈蚀、脱落或变形	安全事件隐患
20			隧道结构老旧，存在结构缺陷且未完成整治	安全事件隐患
21			隧道渗漏水，影响内部电缆运行	安全事件隐患
22			电缆井盖多次丢失未采取防盗措施	一般事故隐患
23			电力管井双层井盖的下层井盖缺失	安全事件隐患
24			电力管井井盖未按双层设计且未采取防坠措施	安全事件隐患
25			电缆通道路径图纸资料缺失，未及时补充	一般事故隐患
26			电缆路径上警示标志缺失	安全事件隐患

序号	一级分类	二级分类	标准描述	分级
27	输电电缆线路	电缆通道	施工影响线路安全	一般事故隐患
28			土壤流失造成通道暴露	安全事件隐患
29			在电缆通道、夹层内使用的临时电源不满足绝缘、防火、防潮要求	一般事故隐患
30			电缆通道临近热力、上下水、天然气、加油气站等	一般事故隐患
31			电缆通道临近易燃或腐蚀性介质的存储容器、输送管道时，未采取加强监视的措施	一般事故隐患
32			隧道内配电网电缆头未采取防护隔离措施	一般事故隐患
33			隧道敷设的电缆、光缆，其成束阻燃性能低于 C 级。与电力电缆同隧道敷设的低压电缆、通信光缆等未穿入阻燃管，或采取其他防火隔离措施	一般事故隐患
34			埋深量不满足设计要求且没有任何保护措施	一般事故隐患
35		电缆跨越	不同电压等级的电缆间未采取防护隔离措施；混网电缆线路未采取防护隔离措施	安全事件隐患
36			同一通道内其他电缆工作，未做好其他运行电缆的防误碰措施	一般事故隐患
37	输电架空线路（含退运线路）	交叉跨越	导地线在跨越铁路、高速公路、一二级公路、电车道、通航河流、一二级弱电线路、35kV 及以上电力线路、管道、索道时存在接头	一般事故隐患
38			对于直线型重要交叉跨越塔，包括跨越 110kV 及以上线路、铁路和高速公路、一级公路、一二级通航河流、人口密集区等地区，未采用双悬垂绝缘子串结构，未采用双独立挂点；无法设置双挂点的窄横担杆塔未采用单挂点双联绝缘子串结构	一般事故隐患

序号	一级分类	二级分类	标准描述	分级
39		交叉跨越	交叉跨越距离不满足规程规定	一般事故隐患
40		基础	线路处于可能引起杆塔倾斜、沉陷的矿场采空区，未采取地基处理（如灌浆）、合理的杆塔和基础型式（如大板基础）、加长地脚螺栓等预防塌陷措施	一般事故隐患
41			对于易发生水土流失、洪水冲刷、山体滑坡、泥石流等地段的杆塔，未采取加固基础、修筑挡土墙（桩）、截（排）水沟、改造上下边坡等措施。分洪区和洪泛区的杆塔未采取相应防护措施	一般事故隐患
42	输电架空线路（含退运线路）		对于河网、沼泽、鱼塘等区域的杆塔，基础顶面低于 5 年一遇洪水位	一般事故隐患
43			对取土、挖砂、采石等可能危及杆塔基础安全的行为，未及时制止并采取相应防范措施	一般事故隐患
44			隐蔽工程未留有影像资料，未经监理单位、建设单位和运行单位质量验收合格后就进行掩埋	一般事故隐患
45		导 / 地线	未采取保护措施以防止导地线放线、紧线、连接及安装附件的损伤	一般事故隐患
46			架空地线复合光缆（OPGW）外层线股 110kV 及以下线路的铝包钢线单丝直径小于 2.8mm，220kV 及以上线路的铝包钢线单丝直径小于 3.0mm	一般事故隐患
47			风振严重区域的导地线线夹、防振锤和间隔棒未选用加强型金具或预绞式金具	一般事故隐患
48			110kV 及以上线路缺失架空地线，未进行防雷校核并采取防雷措施	一般事故隐患

序号	一级分类	二级分类	标准描述	分级
49	输电架空线路（含退运线路）	导/地线	导地线出现多处严重锈蚀、散股、断股、表面严重氧化等可能发生断线事件但未采取有效措施	一般事故隐患
50			不同金属、不同规格、不同绞制方向的导地线在一个耐张段内连接	一般事故隐患
51		绝缘子	在复合绝缘子安装和检修作业时造成了伞裙、护套及端部密封损坏，施工作业时脚踏复合绝缘子，在安装复合绝缘子时均压环装反	一般事故隐患
52			500kV 架空线路 45° 及以上转角塔的外角侧跳线串未使用双串绝缘子或加装重锤，15° 以内的转角内外侧未加装跳线绝缘子串	一般事故隐患
53			绝缘子选型、招标、监造、验收及安装等环节不规范，未使用伞形合理、运行经验成熟、质量稳定的绝缘子	一般事故隐患
54			按照承受静态拉伸载荷设计的绝缘子和金具，未采取措施避免在实际运行中承受弯曲、扭转载荷、压缩载荷和交变机械载荷	一般事故隐患
55			零值、低值及破损绝缘子更换不及时	一般事故隐患
56			护套和端部金具连接部位密封破损及护套严重损坏的复合绝缘子未及时更换	一般事故隐患
57			外绝缘配置不满足污区分布图要求及防覆冰（雪）闪络、大（暴）雨闪络要求的输变电设备未制定改造计划	一般事故隐患
58		特殊区域	在重冰区及易发生导线舞动的区段，新建架空输电线段未采取有效的防冰防舞措施	一般事故隐患

序号	一级分类	二级分类	标准描述	分级
59	输电架空线路（含退运线路）	特殊区域	舞动易发区的导地线线夹、防振锤和间隔棒未选用加强型金具或预绞式金具	一般事故隐患
60			新建和扩建输电线路未依据最新版污区分布图进行外绝缘配置	一般事故隐患
61			防舞治理未综合考虑线路防微风振动性能，导致导地线疲劳损伤	一般事故隐患
62			覆冰季节前未对线路做全面检查，除冰、融冰和防舞动措施未落实	一般事故隐患
63			线路发生覆冰、舞动后，未对线路覆冰、舞动重点区段的导地线线夹出口处、绝缘子锁紧销及相关金具进行检查和消缺；因覆冰、舞动造成的导地线滑移引起的弧垂变化缺陷未及时校核和调整	一般事故隐患
64			鸟害多发区线路未及时安装防鸟装置，对已安装的防鸟装置检查和维护不及时	一般事故隐患
65		杆塔	铁塔 10m 及以下未采用防盗螺母等防盗措施，10m 以上未采取防松措施	一般事故隐患
66			当线路导、地线发生覆冰、舞动时无观测记录，杆塔螺栓松动、金具磨损等检查处理开展不及时	一般事故隐患
67			未开展金属件技术监督及铁塔构件、金具、导地线腐蚀状况的检测，对腐蚀杆塔未进行防腐处理；对于出现腐蚀严重、有效截面损失较多、强度下降严重的，未及时更换	一般事故隐患
68			拉线下部未采取可靠的防盗、防割措施；未及时更换锈蚀严重的拉线和拉棒；对于易受撞击的杆塔和拉线，未采取防撞措施	一般事故隐患

序号	一级分类	二级分类	标准描述	分级
69	输电架空线路（含退运线路）	杆塔	杆塔存在塔材丢失、变形、锈蚀，灰杆存在杆身酥裂、脱灰露筋，杆塔基础存在上拔、下沉、回填土不足等可能导致倒塔的隐患	一般事故隐患
70		金具	直线接续管、耐张线夹等引流连接金具温度异常，未采取有效处理措施	一般事故隐患
71			导地线振动严重区段的悬垂线夹未按规程规定周期打开检查	一般事故隐患
72			锁紧销锈蚀严重及失去弹性未及时更换	一般事故隐患

「第二节 典型案例」

一、输电电缆线路

[3-1] 电缆通道——电力隧道邻近加油站

编号：3-1	隐患分类：输电	隐患子分类：输电电缆线路	隐患级别：安全事件隐患
隐患问题：电力隧道邻近加油站			

<table>
<tr>
<td rowspan="3">
电力隧道邻近加油站</td>
<td>隐患描述及其后果分析：
　　电力隧道邻近加油站，如加油站发生火灾或爆炸，将影响电力隧道安全，对设备运行存在一定的隐患。《国家电网公司事故调查规程》第2.3.8.2条规定，10kV以上输变电设备跳闸（10kV线路跳闸重合成功不计）、被迫停运、非计划检修、停止备用，或设备异常造成限（降）负荷（输送功率）运行，构成八级设备事件</td>
</tr>
<tr>
<td>隐患排查标准要求：
　　《安全生产隐患管控治理措施标准》（京电安〔2015〕25号）规定，电缆通道临近热力、上下水、天然气、加油气站等，构成安全事件隐患</td>
</tr>
<tr>
<td>隐患管控治理措施：
　　（1）运维人员安排隐患设备特巡，该隐患治理前，运维人员缩短巡视周期，对于相邻的交叉点每30天进行一次隧道内巡视，发现异常情况后及时上报。及时找到各管线负责人，有问题及时沟通。
　　（2）完善该隐患设备可能造成事故的应急处置预案并熟悉、掌握</td>
</tr>
</table>

[3-2] 电缆通道——电力隧道主／配网电缆间无防火隔板

编号：3-2	隐患分类：输电	隐患子分类：输电电缆线路	隐患级别：一般事故隐患

隐患问题：电力隧道主／配网电缆间无防火隔板

电力隧道主／配网电缆间无防火隔板

隐患描述及其后果分析：

电力隧道主／配网电缆间无防火隔板，一旦发生事故易使事故扩大化。《国家电网公司安全事故调查规程》第 2.2.6.2 条规定，该情况构成六级电网事件

隐患排查标准要求：

《安全生产隐患管控治理措施标准》（京电安〔2015〕25 号）规定，隧道敷设的电缆、光缆，其成束阻燃性能低于 C 级。与电力电缆同隧道敷设的低压电缆、通信光缆等未穿入阻燃管，或未采取其他防火隔离措施，构成一般事故隐患

隐患管控治理措施：

（1）对低压电缆、通信光缆等低于 C 级阻燃性能，运检人员调查汇总，编制计划，采取加强阻燃措施，可安排涂刷阻燃涂料或穿入阻燃管，采取防火隔离措施，做好状态记录工作。

（2）该隐患治理前，运维人员加强巡视，有异常及时上报。

（3）运维人员完善该隐患设备可能造成事故的应急处置预案并熟悉、掌握，对电缆接头在夹层密集的情况熟悉。

（4）检修班组安排好隐患设备的备品备件配备，为隐患治理做好准备。

（5）结合项目进行改造，提出项目储备，列入下一年度项目计划，加装主／配网防火板、加装防火槽盒、主网电缆间防火板

[3-3] 电缆通道——电力隧道出现了结构开裂、错位、顶板钢筋锈蚀等老化情况

编号：3-3	隐患分类：输电	隐患子分类：输电电缆线路	隐患级别：安全事件隐患

隐患问题：电力隧道出现了结构开裂、错位、顶板钢筋锈蚀等老化情况

电力隧道出现了结构开裂、错位、
顶板钢筋锈蚀等老化情况

隐患描述及其后果分析：

电力隧道为砖混结构，运行年限较长，出现了结构开裂、错位、顶板钢筋锈蚀等老化情况，易造成电力隧道坍塌，影响隧道内电缆安全运行，存在安全隐患。《国家电网公司安全事故调查规程》第 2.3.8.2 条规定，10kV 以上输变电设备跳闸（10kV 线路跳闸重合成功不计）、被迫停运、非计划检修、停止备用，或设备异常造成限（降）负荷（输出功率）运行，构成八级设备事件

隐患排查标准要求：

《安全生产隐患管控治理措施标准》（京电安〔2015〕25号）规定，隧道结构老旧，存在结构缺陷且未完成整治，构成安全事件隐患

隐患管控治理措施：

（1）对老旧砖混隧道加强巡视，并结合巡视计划开展状态监测，有异常及时上报。

（2）运维人员熟悉、掌握电缆通道塌方应急预案，一旦电力隧道有塌方情况及时应急处理。

（3）检修班组安排好砖混隧道基础材料（水泥、砂子），为隐患治理做好准备。

（4）结合项目进行改造，提出项目储备，列入下一年度项目计划，开展隧道综合整治和结构加固

[3-4] 电缆隧道——电力隧道支架发热

编号：3-4	隐患分类：输电	隐患子分类：输电电缆线路	隐患级别：安全事件隐患

隐患问题：电力隧道支架发热

电力隧道支架发热

隐患描述及其后果分析：

电力隧道中支架发热严重，易造成火灾隐患，影响电缆安全。《国家电网公司安全事故调查规程》第 2.3.8.2 条规定，10kV 以上输变电设备跳闸（10kV 线路跳闸重合成功不计）、被迫停运、非计划检修、停止备用，或设备异常造成限（降）负荷（输出功率）运行，构成 八级设备事件

隐患排查标准要求：

《安全生产隐患管控治理措施标准》（京电安〔2015〕25 号）规定，电缆通道临近热力、上下水、天然气、加油气站等，构成安全事件隐患

隐患管控治理措施：

（1）运维人员安排隐患设备特巡，该隐患治理前，运维人员缩短巡视周期，对于相邻的交叉点每 30 天进行一次隧道内巡视，发现异常情况后及时上报。及时找到各管线负责人，有问题及时沟通。

（2）完善该隐患设备可能造成事故的应急处置预案并熟悉、掌握。

（3）检修班组安排好隐患设备的备品备件配备，为隐患治理做好准备

[3-5] 沉降——电力隧道某处整体下沉

编号：3-5	隐患分类：输电	隐患子分类：输电电缆线路	隐患级别：一般事故隐患
隐患问题：电力隧道某处整体下沉			

电力隧道某处整体下沉

隐患描述及其后果分析：

电力隧道某处整体下沉，易造成电力隧道截面断裂，地下水涌入，影响电力隧道内电缆的运行环境，对设备运行存在一定的隐患。《国家电网公司事故调查规程》第 2.3.8.2 条规定，10kV 以上输变电设备跳闸（10kV 线路跳闸重合成功不计）、被迫停运、非计划检修、停止备用，或设备异常造成限（降）负荷（输送功率）运行，构成八级设备事件

隐患排查标准要求：

《安全生产隐患管控治理措施标准》（京电安〔2015〕25 号）规定，电缆通道塌陷、沉降、错位，构成一般事故隐患

隐患管控治理措施：

（1）组织专业单位进行隧道结构检测工作，全面检查隧道运行状，制订检修方案；临近隧道有土方施工签订电力设施保护协议，防止发生外力损坏电缆通道。

（2）运维人员安排隐患设备特巡，该隐患治理前，运维人员缩短巡视周期，每 60 天进行一次隧道内巡视，发现异常情况后及时上报，安排专业土建单位进行处理。

（3）运维人员完善该隐患设备可能造成事故的应急处置预案并熟悉、掌握。

（4）检修班组安排好隐患设备的备品备件及工器具，为隐患治理做好准备；结合项目进行改造，开展隧道综合整治和结构加固

二、输电架空线路

[3-6] 绝缘子——跨越高速公路输电线路绝缘子未采用双挂点

编号：3-6	隐患分类：输电	隐患子分类：输电架空线路	隐患级别：一般事故隐患

隐患问题：跨越高速公路输电线路绝缘子未采用双挂点

跨越高速公路输电线路绝缘子未采用双挂点

隐患描述及其后果分析：

　　跨越高速公路输电线路绝缘子未采用双挂点，若单挂点脱落，易造成导线接地或相间短路故障，从而导致输电线路被迫停运。《国家电网公司安全事故调查规程》第 2.3.7.2 条规定，35kV 以上输变电主设备被迫停运，时间超过 24h，构成七级设备事件

隐患排查标准要求：

　　《安全生产隐患管控治理措施标准》（京电安〔2015〕25 号）规定，对于直线型重要交叉跨越塔，包括跨越 110kV 及以上线路、铁路和高速公路、一级公路、一二级通航河流、人口密集区等地区，未采用双悬垂绝缘子串结构，未采用双独立挂点；无法设置双挂点的窄横担杆塔未采用单挂点双联绝缘子串结构，构成一般事故隐患

隐患管控治理措施：

（1）该隐患治理前，每周巡视 1 次，并结合巡视开展状态监测，有异常及时上报；

（2）运维人员应编制该隐患设备可能造成事故的应急处置预案并演练；

（3）及时协调、准备隐患设备处所需备品备件；

（4）及时申请停电，安排检修人员进行施工准备，将单挂点更换为双挂点方式

[3-7] 防盗——110kV 输电线路 23 号杆塔间塔 10m 及以下未采用防盗螺母等防盗措施

编号：3-7	隐患分类：输电	隐患子分类：输电架空线路	隐患级别：一般事故隐患

隐患问题：110kV 输电线路 23 号杆塔间塔 10m 及以下未采用防盗螺母等防盗措施

110kV 输电线路 23 号杆塔间塔 10m 及
以下未采用防盗螺母等防盗措施

隐患描述及其后果分析：

110kV 输电线路 23 号杆塔 10m 及以下未采用防盗螺母等防盗措施，易造成塔材丢失，塔身倾斜，严重时可能导致杆塔倒塌，造成区域大面积停电。《国家电网公司安全事故调查规程》第 2.3.7.2 条规定，35kV 以上 220kV 以下输电线路倒塔，构成七级设备事件

隐患排查标准要求：

《安全生产隐患管控治理措施标准》（京电安〔2015〕25 号）规定，铁塔 10m 及以下未采用防盗螺母等防盗措施，10m 以上未采取防松措施，构成一般事故隐患

隐患管控治理措施：

（1）加强对杆塔本体设备巡视，发现问题及时报送，积极联系当地政府部门，开展线下反外力宣传，防止塔材盗窃事故发生；

（2）运维人员应编制该隐患设备可能造成事故的应急处置预案并演练；

（3）及时协调、准备隐患设备处所需备品备件；

（4）立项申报项目，杆塔 10m 及以下未安装防盗螺母等，10m 以上安装防松垫

第三章　输电专业隐患排查治理标准及典型案例

[3-8] 接头——110kV 输电线路两塔跨越一、二级弱电线路线挡中间有接头

编号：3-8	隐患分类：输电	隐患子分类：输电架空线路	隐患级别：一般事故隐患

隐患问题：110kV 输电线路两塔跨越一、二级弱电线路线挡中间有接头

110kV 输电线路两塔跨越一、二级弱电线路
线挡中间有接头

隐患描述及其后果分析：

110kV 输电线路两塔跨越一、二级弱电线路线挡中间有接头，因挡距较大，易造成中间接头断裂，对设备运行存在一定的隐患。《国家电网公司事故调查规程》第 2.3.8.5 条规定，由于施工不当或跨越线路倒塔、断线等原因造成高铁停运或其他单位财产损失 50 万元以上者，构成五级设备事件

隐患排查标准要求：

《安全生产隐患管控治理措施标准》（京电安〔2015〕25 号）规定，导／地线在跨越铁路，高速公路，一、二级公路，电车道，通航河流，一、二级弱电线路，35kV 及以上电力线路，管道，索道时存在接头，构成一般事故隐患

隐患管控治理措施：

（1）按照架空输电线路状态巡视要求，合理调整巡视周期，设备本体巡视不低于 1 个月一次，发现问题及时报送；高温、大负荷期间定期开展交叉跨越距离、导线对地距离检测工作，定期关注交跨距离，开展接头测温工作。

（2）检修人员定期开展应急演练，做好应急抢修准备工作。

（3）及时协调、准备隐患设备处所需备品备件。

（4）立项申报大修项目，更换导线、调整弧垂

[3-9] 接头——110kV 电缆线路户外终端头表面有放电痕迹

编号：3-9	隐患分类：输电	隐患子分类：输电架空线路	隐患级别：一般事故隐患

隐患问题：110kV 电缆线路户外终端头表面有放电痕迹

110kV 电缆线路户外终端头表面有放电痕迹

隐患描述及其后果分析：

110kV 电缆线路户外终端头表面有放电痕迹，易引起火灾，对设备运行存在一定的隐患。《国家电网公司事故调查规程》第 2.3.7.2 条规定，110kV（含 66kV、±120kV）电力电缆主绝缘击穿或电缆头损坏，构成七级设备事件

隐患排查标准要求：

《安全生产隐患管控治理措施标准》（京电安〔2015〕25 号）规定，电缆表面有放电痕迹，构成一般事故隐患

隐患管控治理措施：

（1）安排隐患设备特巡，该隐患治理前，监视破损情况的变化，对密封已破损或有放电痕迹严重的申请停电更换。

（2）结合巡视开展状态监测，有异常及时上报。

（3）完善该隐患设备可能造成事故的应急处置预案并熟悉、掌握。

（4）检修班组安排好隐患设备的备品备件配备，为隐患治理做好准备。观察放电痕迹有无扩大，如有明显扩大，及时申请停电处理。利用停电计划，安排擦洗清洁。对户外终端瓷套管计划安排喷涂 RTV

[3-10] 鸟害——鸟害多发区对已安装的防鸟装置检查和维护不及时

编号：3-10		隐患分类：输电		隐患子分类：输电架空线路	隐患级别：一般事故隐患

隐患问题：鸟害多发区对已安装的防鸟装置检查和维护不及时

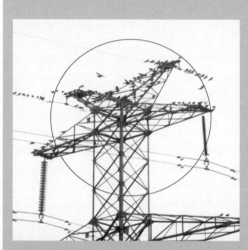

鸟害多发区对已安装的防鸟装置检查和
维护不及时

隐患描述及其后果分析：

　　220kV 输电线路是鸟害多发区，对已安装的防鸟装置检查和维护不及时，易使防鸟装置失效，导致鸟类在杆塔上逗留或筑巢，引起线路故障，对设备运行存在一定的隐患。《国家电网公司事故调查规程》第 2.3.8.2 条规定，10kV 以上输变电设备跳闸（10kV 线路跳闸重合成功不计）、被迫停运、非计划检修、停止备用，或设备异常造成限（降）负荷（输送功率）运行，构成八级设备事件

隐患排查标准要求：

　　《安全生产隐患管控治理措施标准》（京电安〔2015〕25 号）规定，鸟害多发区线路未及时安装防鸟装置，对已安装的防鸟装置检查和维护不及时，构成一般事故隐患

隐患管控治理措施：

　　（1）按照架空输电线路状态巡视要求，对鸟类活动特殊区段合理调整巡视周期，加强对杆塔本体设备巡视，发现问题及时报送。

　　（2）检修人员定期开展带电登检工作，检查处缺。及时协调、准备隐患设备处所需备品备件。对鸟害多发区线路安装鸟刺、防鸟挡板、防鸟绝缘子等防鸟装置；对已安装的防鸟装置定期登检，及时维护。

　　（3）运维人员应熟悉、掌握该隐患设备可能造成事故的应急处置预案，并进行演练

[3-11] 外力破坏——110kV 输电线路杆塔位于村内路边易遭外力碰撞

编号：3-11		隐患分类：输电	隐患子分类：输电架空线路	隐患级别：一般事故隐患

隐患问题：110kV 输电线路杆塔位于村内路边易遭外力碰撞

110kV 输电线 1 号塔现场环境

隐患描述及其后果分析：

110kV 输电线路杆塔位于村内路边，无防撞墩，易遭外力碰撞；如果车辆碰撞 110kV 输电线路杆塔腿，可发生 110kV 输电线路倒塔事件，危及供电保障工作。《国家电网公司安全事故调查规程》第 2.3.7.2 条规定，35kV 以上 220kV 以下输电线路倒塔，可能导致七级设备事件

隐患排查标准要求：

《安全生产隐患管控治理措施标准》（京电安〔2015〕25 号）规定，易遭外力碰撞的线路杆塔未设置防撞墩、涂刷醒目标志漆，构成一般事故隐患

隐患管控治理措施：

（1）输电运维班、供电指定线路专责人，明确职责加强线路特巡，对隐患点进行联系沟通，加强电力设施保护宣传，报告上级有关部门协调解决隐患；熟悉、掌握该隐患设备可能造成事故的应急处置预案。

（2）隐患未彻底处理前，检修部门及时协调、准备隐患设备处所需备品备件，接到抢修通知，立即安排处理；采取可靠的防撞等防外力破坏措施。

（3）开展事件风险的分析工作，制订线路事故预案，并定期演练、修订；制订完善的运行监视及操作细则，明确重点监视设备，制定倒闸操作细则

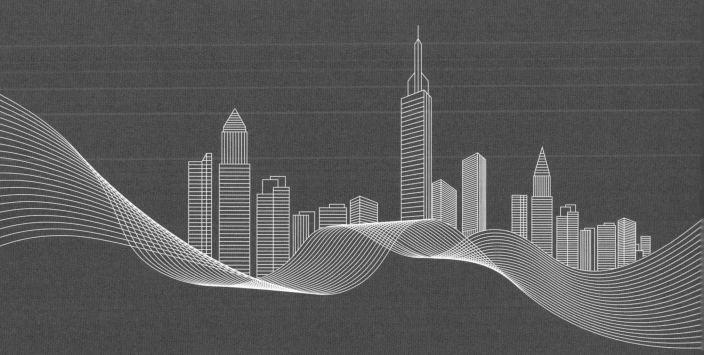

CHAPTER 4

第四章

配电专业隐患排查
治理标准及典型案例

第一节　配电专业隐患排查治理标准

配电专业隐患排查治理标准

序号	一级分类	二级分类	标准描述	分级
1	配电架空线路	电杆	电杆倾斜、下沉、上拔，杆基周围土壤挖掘、冲刷或沉陷，电杆埋深不合格，超过1个月未处理	安全事件隐患
2			钢筋混凝土电杆裂缝、酥松、露筋、冻鼓；钢圈接头开裂、锈蚀，法兰盘螺栓松动、丢失；木杆糟朽、鸟洞、开裂、烧焦，帮桩松动；钢杆（铁塔）构件弯曲、锈蚀，螺栓松动，钢杆地脚螺栓保护帽，高出地面；超过1个月未处理	安全事件隐患
3			电杆违章搭挂通信线，搭挂通信线杂乱、过多，无法登杆，承力过载，通信线与导线距离、通信线跨越道路距离不符合要求，超过1个月未处理	安全事件隐患
4			电杆无路名、杆号等明显标志，邻近并行及联络开关两侧线路电杆无区别色标，超过1个月未处理	安全事件隐患
5			电杆上有萝藤类植物附生，危及运行安全的鸟巢，超过1个月未处理	安全事件隐患
6			线路存在树线矛盾、房线矛盾、违章建筑、交叉跨越等隐患	安全事件隐患
7			城市、乡镇等人员密集区的架空电力线路、杆塔、变压器台区等设备安全不符合规程规定	安全事件隐患

序号	一级分类	二级分类	标准描述	分级
8	配电架空线路	横担及金具	铁横担（铁帽子）锈蚀、歪斜、弯曲、开裂，超过 1 个月未处理	安全事件隐患
9			金具锈蚀、变形，螺栓螺母不齐全、紧固，超过 1 个月未处理	安全事件隐患
10		绝缘子	绝缘子硬伤、裂纹、脏污、闪络，超过 1 个月未处理	安全事件隐患
11			针式绝缘子、放电钳位绝缘子铁脚平垫和弹簧垫，螺母松脱，绝缘子歪斜，超过 1 个月未处理	安全事件隐患
12			针式绝缘子绑线松散、断线，超过 1 个月未处理	安全事件隐患
13			悬式绝缘子串销子开口不合格，断裂、脱落，超过 1 个月未处理	安全事件隐患
14		导线	裸导线有断股、烧伤、背花，化工地区导线腐蚀现象，超过 1 个月未处理	安全事件隐患
15			接头过热变色、烧熔、锈蚀，导线连接（含铜铝导线）不符合施工质量标准，断线临时处理接头仍在运行	安全事件隐患
16			弓子线对邻相及对地距离不符合要求，超过 1 个月未处理	安全事件隐患
17		拉线、拉桩、戗杆	拉线锈蚀、松弛、断股、张力分配不均，尾线松散，拉线被私自拆除，超过 1 个月未处理	安全事件隐患
18			采用绝缘拉线，外皮严重损坏；采用拉线绝缘子，使用不正确，损坏，超过 1 个月未处理	安全事件隐患
19			拉线棍埋深不合格、弯曲；拉线抱箍变形，UT 楔型线夹螺母松脱，超过 1 个月未处理	安全事件隐患

序号	一级分类	二级分类	标准描述	分级
20	配电架空线路	拉线、拉桩、戗杆	拉线、拉桩、戗杆周围土壤突起、沉陷、缺土，超过 1 个月未处理	安全事件隐患
21			拉桩、戗杆歪斜、损坏，超过 1 个月未处理	安全事件隐患
22			水平拉线对地距离不符合要求，超过 1 个月未处理	安全事件隐患
23		真空负荷开关	分合指示及操作杆未在正确位置上，超过 1 个月未处理	安全事件隐患
24			真空负荷开关箱体锈蚀、变形，瓷套管裂纹、破损，超过 1 个月未处理	安全事件隐患
25			相间及对地的距离不合格，超过 1 个月未处理	安全事件隐患
26			真空负荷开关引线连接处过热现象，引线绝缘龟裂，超过 1 个月未处理	安全事件隐患
27			真空负荷开关安装金具变形、锈蚀，超过 1 个月未处理	安全事件隐患
28			真空负荷开关外壳未接地或接地线丢失，超过 1 个月未处理	安全事件隐患
29		用户分界负荷开关	线路掉闸或接地后，分界负荷开关故障指示灯不闪烁，分合指示状态不变化，超过 1 个月未处理	安全事件隐患
30			合闸后不储能，不能自动隔离故障，超过 1 个月未处理	安全事件隐患
31		油负荷开关	外壳渗、漏油和锈蚀，油位不正常，超过 1 个月未处理	安全事件隐患
32			套管硬伤、裂纹、脏污、闪络；油负荷开关接线端子及线夹过热现象，超过 1 个月未处理	安全事件隐患
33			油负荷开关安装不牢固，外壳未接地，超过 1 个月未处理	安全事件隐患
34		刀闸跌落式熔断器	瓷绝缘硬伤、裂纹、脏污、闪络，超过 1 个月未处理	安全事件隐患

序号	一级分类	二级分类	标准描述	分级
35		刀闸（跌落式熔断器）	触头关合不到位，过热、烧熔现象，超过 1 个月未处理	安全事件隐患
36			安装牢固，各部件松脱，相间距离不足，熔断器倾角不满足 15~30 度要求，超过 1 个月未处理	安全事件隐患
37			熔管弯曲、变形，超过 1 个月未处理	安全事件隐患
38			常开隔离开关，打开角度不符合要求，超过 1 个月未处理	安全事件隐患
39		避雷器	外护套硬伤、裂纹、脏污、闪络，超过 1 个月未处理	安全事件隐患
40			安装不牢固，超过 1 个月未处理	安全事件隐患
41	配电架空线路		引线不绝缘，上下引线连接不可靠，超过 1 个月未处理	安全事件隐患
42			未可靠接地，超过 1 个月未处理	安全事件隐患
43			线路有防雷空白点，超过 1 个月未处理	安全事件隐患
44		柱上变压器及变台	有渗漏油、异味、异音，超过 1 个月未处理	安全事件隐患
45			高低压套管不清洁，有硬伤、裂纹、闪络，超过 1 个月未处理	安全事件隐患
46			触头触点有过热、烧损、锈蚀，超过 1 个月未处理	安全事件隐患
47			变台绝缘引线有龟裂、破损，高压套管引线之间及对地距离不应小于 200mm，超过 1 个月未处理	安全事件隐患
48			跌落式熔断器、隔离开关、避雷器、绝缘子设备不完好，超过 1 个月未处理	安全事件隐患
49			套管绝缘护罩、位号牌及警告牌等不齐全、不完好，超过 1 个月未处理	安全事件隐患
50			变台倾斜、下沉，变台及跌落式熔断器架对地距离不符合要求，超过 1 个月未处理	安全事件隐患

序号	一级分类	二级分类	标准描述	分级
51	配电架空线路	柱上变压器及变台	变压器上有搭落金属丝、树枝等，有萝藤类植物附生，超过 1 个月未处理	安全事件隐患
52	配电站室	环网柜（开闭器）	操动机构分合闸标示脱落等导致无法辨认断路器位置，超过 24h 未处理	安全事件隐患
53			操动机构无法操作，超过 24h 未处理	安全事件隐患
54			SF$_6$ 气体泄漏或气压低于安全要求，超过 24h 未处理	安全事件隐患
55			防护闭锁装置功能异常，超过 1 个月未处理	安全事件隐患
56			接地不良，超过 1 个月未处理	安全事件隐患
57			本体有异音，超过 1 个月未处理	安全事件隐患
58			试验不合格，未按规程处理	安全事件隐患
59		配电变压器、油浸站用变压器、箱式变压器	油箱金属部分（焊口、砂眼）跑油（出现连续油柱），超过 24h 仍未有效处理	安全事件隐患
60			油箱金属部分（焊口、砂眼）严重漏油，大于等于 20 滴 /min，超过 1 个月仍未有效处理	安全事件隐患
61			法兰胶垫部分渗油，形成油滴，大于等于 20 滴 /min，超过 1 个月未处理	安全事件隐患
62			套管带电部位漏油，超过 24h 未处理	安全事件隐患
63			载流接头温度超过 140℃，超过 24h 未处理	安全事件隐患

序号	一级分类	二级分类	标准描述	分级
64	配电站室	配电变压器、油浸站用变压器、箱式变压器	载流接头温度超过 80℃，小于等于 140℃，超过 1 个月未处理	安全事件隐患
65			套管带电部位渗油，超过 1 个月未处理	安全事件隐患
66			接线端子存在损伤，超过 1 个月未处理	安全事件隐患
67			套管瓷套与丝杠接口部位渗漏油，大于等于 10 滴 /min，超过 24h 未处理	安全事件隐患
68			脏污严重，污秽裙数达到或超过 2 个，超过 24h 未处理	安全事件隐患
69			套管瓷套与丝杠接口部位渗漏油，小于 10 滴 /min，超过 24h 未处理	安全事件隐患
70			套管瓷套与法兰接口部位渗漏油，大于等于 5 滴 /min，超过 24h 未处理	安全事件隐患
71			瓷套严重破损或有裂纹，影响绝缘子爬距≥ 1%，超过 24h 未处理	安全事件隐患
72			轻瓦斯动作（配电变压器），超过 24h 未处理	安全事件隐患
73			本体端子箱密封不严或锈蚀严重，超过 1 个月未处理	安全事件隐患
74		干式变压器	铁芯未接地或多点接地，超过 1 个月未处理	安全事件隐患
75			绝缘损伤、裂纹，超过 1 个月未处理	安全事件隐患
76			引线断裂，超过 24h 仍未有效处理	安全事件隐患
77		断路器、少油断路器	断路器遇故障开断后，油品变黑及断路器喷油，超过 24h 未处理	安全事件隐患
78			载流接头温度超过 140℃，超过 24h 仍未有效处理	安全事件隐患

序号	一级分类	二级分类	标准描述	分级
79			载流接头温度超过 80℃，小于等于 140℃，超过 1 个月未处理	安全事件隐患
80			支持绝缘子断裂，超过 24h 仍未有效处理	安全事件隐患
81			设备运行中有异常振动、声响，内部有放电声音，超过 24h 仍未有效处理	安全事件隐患
82			引线端子板有松动、变形、开裂现象或严重发热痕迹，超过 24h 仍未有效处理	安全事件隐患
83			接地线已脱落，设备与接地断开，超过 24h 仍未有效处理	安全事件隐患
84	配电站室	断路器、少油断路器	操作中分、合闸位置远方与当地位置运行状态不符，超过 24h 仍未有效处理	安全事件隐患
85			运行中分、合闸位置远方与当地位置运行状态不符，超过 1 个月未处理	安全事件隐患
86			分合闸线圈烧毁，超过 24h 仍未有效处理	安全事件隐患
87			辅助触点接触不良造成控制回路断线，超过 24h 仍未有效处理	安全事件隐患
88			辅助触点打不开造成控制红绿灯同时亮，隔离开关触点打不开，超过 24h 仍未有效处理	安全事件隐患
89			辅助触点接触不良造成重合闸不启动，超过 24h 仍未有效处理	安全事件隐患
90			辅助触点接触不良造成事故音响不启动，超过 24h 仍未有效处理	安全事件隐患
91			辅助触点接触不良造成监控位置不对应，超过 1 个月未处理	安全事件隐患

序号	一级分类	二级分类	标准描述	分级
92	配电站室	隔离开关	操动机构拉杆、轴销变形、断裂影响正常运行，超过 24h 仍未有效处理	安全事件隐患
93			操动机构传动卡涩无法正常操作，超过 24h 仍未有效处理	安全事件隐患
94			合闸后，动静触头接触不良打火，超过 24h 仍未有效处理	安全事件隐患
95			导电回路承力、导流部位变形、开裂，影响导流、操作，超过 24h 仍未有效处理	安全事件隐患
96			合闸同期差，无法正常合入，超过 24h 仍未有效处理	安全事件隐患
97			载流触头温度超过 140℃，超过 24h 仍未有效处理	安全事件隐患
98			载流触头温度超过 80℃ 小于等于 140℃，超过 1 个月未处理	安全事件隐患
99			绝缘子伞裙瓷质破损，影响绝缘子爬距 ≥ 1%	安全事件隐患
100			支持绝缘子断裂，超过 24h 仍未有效处理	安全事件隐患
101			绝缘子外表面有明显放电或较严重电晕，超过 24h 仍未有效处理	安全事件隐患
102			隔离开关接线端子严重变形，超过 24h 仍未有效处理	安全事件隐患
103			机械防误装置不能投入或失灵，超过 24h 仍未有效处理	安全事件隐患
104			隔离开关接线端子在承力和载流部分开裂，超过 1 个月未处理	安全事件隐患
105			橡胶爬裙表面开裂、脱落，超过 1 个月未处理	安全事件隐患
106		母线	绝缘子伞裙瓷质破损，影响绝缘子爬距 ≥ 1%，超过 24h 仍未有效处理	安全事件隐患

序号	一级分类	二级分类	标准描述	分级
107	配电站室	母线	严重断股，造成引线发热，超过 24h 仍未有效处理	安全事件隐患
108			螺栓松动，超过 24h 仍未有效处理	安全事件隐患
109			导电体严重变形、导线脱出，超过 24h 仍未有效处理	安全事件隐患
110			载流接头温度超过 140℃，超过 24h 仍未有效处理	安全事件隐患
111			载流接头温度超过 80℃，小于等于 140℃，超过 1 个月未处理	安全事件隐患
112			支持绝缘子法兰开裂，超过 1 个月未处理	安全事件隐患
113			支持绝缘子水泥封装松动，超过 1 个月未处理	安全事件隐患
114			支持绝缘子表面贯通性开裂、脱落，超过 1 个月未处理	安全事件隐患
115			软连接（如导电带等）断裂大于 2 片，超过 1 个月未处理	安全事件隐患
116			引线出现断股，未发热，超过 1 个月未处理	安全事件隐患
117			非正常发热，尤其是热成像显示个别单丝发热，超过 1 个月未处理	安全事件隐患
118		开关柜	断路器本体分合闸线圈烧毁、外绝缘开裂破损、开关无法正常操作，超过 24h 仍未有效处理	安全事件隐患
119			接地开关机械闭锁损坏，无法操作，超过 24h 仍未有效处理	安全事件隐患
120			无法推入试验或运行位置，超过 24h 仍未有效处理	安全事件隐患
121			带电显示器故障造成不能进行操作，超过 24h 仍未有效处理	安全事件隐患

序号	一级分类	二级分类	标准描述	分级
122	配电站室	开关柜	因其他间隔闭锁触点不通造成的 10kV 接地车联锁回路不通，超过 24h 仍未有效处理	安全事件隐患
123			接地小车插件、插座损坏或接触不良，超过 24h 仍未有效处理	安全事件隐患
124			主开关、母联开关柜内风机损坏或不能自动启动，超过 1 个月未处理	安全事件隐患
125			主开关、母联开关柜内风机电磁闸损坏，超过 1 个月未处理	安全事件隐患
126		低压柜	母线支瓶或夹板绝缘损坏，超过 1 个月未处理	安全事件隐患
127			接头、隔离开关发热，超过 1 个月未处理	安全事件隐患
128		防误闭锁	防误锁锁具打不开，需要解锁操作，超过 24h 仍未有效处理	一般事故隐患
129			防误锁锁码地址不对，超过 1 个月未处理	一般事故隐患
130			电磁锁操作不过步，超过 24h 仍未有效处理	一般事故隐患
131		配电站室运行	未按周期开展配电站室及设备的定期巡视，未及时发现并处置缺陷	安全事件隐患
132			运行单位未按配电网运行规程等要求制定配电站室防护措施，未及时发现并处置外力破坏隐患	安全事件隐患
133			运行单位未按配电网运行规程等要求开展配电站室及设备的状态评价，未及时发现并消除站室及设备的不良状态	安全事件隐患
134			运行单位未按故障处置要求开展故障处置，存在设备和人身隐患	一般事故隐患
135	配电电缆线路	电缆本体	为重要客户供电的公司外电源电缆绝缘老化（多路供电的，线路中均有油纸电缆段；单路供电的，存在油纸电缆段）	一般事故隐患

序号	一级分类	二级分类	标准描述	分级
136			外护套破损，超过 1 个月未处理	安全事件隐患
137			最大负荷电流超过允许载流量	安全事件隐患
138		电缆本体	新缆未开展到货验收、到货检测	安全事件隐患
139			非直埋敷设电缆的成束阻燃性能低于 C 级	安全事件隐患
140			同一负载的双路或多路电缆，在排管中布置在垂直上下相邻位置	安全事件隐患
141			OWTS 试验结果为局部放电异常、超标时未按期处理	安全事件隐患
142	配电电缆线路	电缆中间接头	非直埋电缆接头的最外层未包覆阻燃材料、线缆密集区的接头未加装耐火防爆槽盒	一般事故隐患
143			变配电站室夹层、桥架、竖井等电缆密集区域有中间接头	一般事故隐患
144			户内终端与设备连接处、户外终端与线路连接处存在异常发热现象，超过 1 个月未处理	安全事件隐患
145		电缆终端	带电裸露部分之间及至接地部分的距离不满足安全要求（相间及对地：户内 ≥ 125mm，户外 ≥ 200mm），超过 1 个月未处理	安全事件隐患
146			接头绝缘套管龟裂、破损或弯曲半径不满足要求，超过 1 个月未处理	安全事件隐患
147			油纸绝缘电缆终端接头渗油积污严重或尼龙斗破损，超过 1 个月未处理	安全事件隐患
148			有爬电、电晕放电现象，超过 24h 未处理	安全事件隐患

序号	一级分类	二级分类	标准描述	分级
149	配电电缆线路	电缆终端	检测、监测发现局部放电异常，超过 1 个月未查明原因或查明为终端缺陷原因未在 3 个月内处置	安全事件隐患
150			未采取固定措施或固定措施不当导致终端与设备（线路）连接处承受额外应力，超过 1 个月未处理	安全事件隐患
151		电缆通道（含直埋通道）	获知井盖破损、丢失或通道塌陷等信息后，未立即采取防止人员、车辆坠落措施，未在 24h 内开展现场处理	一般事故隐患
152			未做好管孔封堵	安全事件隐患
153			工作井不满足"五防"要求，工作井二盖不满足防坠落要求或未安装防坠网	一般事故隐患
154			临近易燃、腐蚀性介质存储容器、输送管道的电缆通道，没有采取缩短巡视周期或没有采取在线监控措施，无法更好地掌握介质是否渗漏至电缆通道	一般事故隐患
155			获知电缆通道遭受油、水、气进入或占压等外部侵害信息后，未立即采取管控措施，未跟进采取消除外部侵害的永久措施	一般事故隐患
156			在电缆通道、夹层内使用的临时电源不满足绝缘、防火、防潮要求	安全事件隐患
157			在电缆通道、夹层内动火作业未办理动火工作票，未采取可靠防火措施	安全事件隐患
158			通道沿线及其内部积存有易燃、易爆物	一般事故隐患

序号	一级分类	二级分类	标准描述	分级
159	配电电缆线路	电缆通道（含直埋通道）	电缆通道及直埋电缆线路未按标准和设计施工，未同步进行竣工测绘，非开挖工艺电缆通道未进行三维测绘。电缆通道及直埋电缆线路投运前未向运行部门提交竣工资料和图纸	安全事件隐患
160			新敷设的直埋电缆沿线未装设防外力标识标牌，运行中的直埋电缆沿线的防外力标识标牌丢失、损坏后未及时补装	安全事件隐患
161			验收发现新敷直埋电缆埋深不足或运行中因外部施工降土导致直埋电缆埋深不足，未按规定埋深进行处置	安全事件隐患
162			未按公司电缆通道管理分工要求做好通道运维、运维委托等工作，存在电缆通道运维盲点	一般事故隐患
163		环网柜（含开闭器）	操动机构分合闸标示脱落等导致无法辨认开关位置，超过 24h 未处理（与站室部分问题重复）	安全事件隐患
164			操动机构无法操作，超过 24h 未处理	安全事件隐患
165			SF_6 气体泄漏或气压低于安全要求，超过 24h 未进行补气等应急处理	安全事件隐患
166			防护闭锁装置功能异常，超过 1 个月未处理	安全事件隐患
167			接地不良，超过 1 个月未处理	安全事件隐患
168			本体有异音，超过 1 个月未处理	安全事件隐患
169			试验不合格，未按规程处理	安全事件隐患

序号	一级分类	二级分类	标准描述	分级
170	配电电缆线路	环网柜（含开闭器）	箱门或外壳损坏，超过 1 个月未处理（箱门无法关闭或外壳损坏）	安全事件隐患
171			设备名称、编号、警示、接线等标识标牌缺失，设备名称、编号、接线等标牌与实际情况不一致，线路倒改时未同步更改接线图	安全事件隐患
172		10kV 电缆分支箱	箱内有异音或异味，超过 1 个月未处理	一般事故隐患
173			接地不良，超过 1 个月未处理	安全事件隐患
174			试验不合格，未按规程处理	一般事故隐患
175			箱门或外壳损坏，防水防小动物措施不完善，超过 1 个月未处理	一般事故隐患
176			电气连接处温度异常未及时处置（80℃＜实测温度≤ 90℃或 30K＜相间温差≤ 40K 超过 1 月未处置，实测温度＞ 90℃或相间温差＞ 40K 未在 24h 内处置）	一般事故隐患
177			设备名称、编号、警示、接线等标识标牌缺失，设备名称、编号、接线等标牌与实际情况不一致，线路倒改时未同步更改接线图	安全事件隐患
178		低压电缆分支箱	各类电气元件接触不良、过热（如低压开关、电气接点），未在 1 个月内处理	安全事件隐患
179			低压开关损坏，未在 1 个月内处理	安全事件隐患
180			低压开关或隔离开关无法正常拉合，未在 1 个月内处理	安全事件隐患
181			接地不良，未在 1 个月内处理	安全事件隐患
182			箱门或外壳损坏，未在 1 个月内处理（箱门无法关闭或外壳损坏）	安全事件隐患

序号	一级分类	二级分类	标准描述	分级
183	配电电缆线路	低压电缆分支箱	设备名称、编号、警示、接线等标识标牌缺失，设备名称、编号、接线等标牌与实际情况不一致，线路倒改时未同步更改接线图	安全事件隐患
184			设备底板或电缆进线处封堵不严导致严重受潮，未在 1 个月内处理	安全事件隐患
185		配电电缆运行	未按规程要求开展电缆线路、电缆通道、电缆设备运行工作，导致无法及时发现影响安全运行的缺陷	安全事件隐患
186			未按期消除危急、严重缺陷，对暂无法消除但可能导致事故的一般缺陷未采取有效管控措施	安全事件隐患
187			临近电缆线路（通道）有挖掘或建筑机械施工，未向施工方进行外力防护技术交底、未采取签订协议书等其他外力防护措施	安全事件隐患
188			工井正下方的电缆，未采取防止坠落物体打击的保护措施。	安全事件隐患
189			未清理退运的报废电缆	安全事件隐患
190			未按要求开展电缆接头挂牌、GIS 维护、OWTS 试验等工作	安全事件隐患
191	配电辅助设施	消防设施	灭火器年度检验工作未按标准、规范要求进行	安全事件隐患
192			大量存放可燃、易爆物品	安全事件隐患
193		配电设施运行	配电站室未按《北京市电力公司电缆管孔封堵技术指导原则》（京电运检〔2013〕11 号）做好封堵	安全事件隐患
194			直埋电缆线路通道未按《北京市电力公司直埋电缆标识标牌技术标准》（京电科信〔2013〕27 号）要求设置标识标牌	安全事件隐患

序号	一级分类	二级分类	标准描述	分级
195	配电终端	馈线终端（FTU）	FTU 严重歪斜、外观破损	安全事件隐患
196			一体化通信机箱倾斜、锈蚀	一般事故隐患
197			二次电缆（航空插头）严重变形、破损	安全事件隐患
198			FTU 未接地或接地线丢失	安全事件隐患
199			联络开关 FTU 手柄在"分"位	安全事件隐患
200			柱上开关拉杆在"手动合"位	安全事件隐患
201			监视无应答，未在 1 个月内处理	一般事故隐患
202			用户分界负荷开关弹簧未储能	安全事件隐患
203			交流电源指示灯灭或 DTU 交流电源空气开关跳开	安全事件隐患
204		站所终端（DTU）	蓄电池电压低告警、蓄电池渗液等	安全事件隐患
205			DTU 柜内凝露严重、柜体锈蚀及渗漏等	安全事件隐患
206			二次接线松动，分合闸连接片、"远方、就地"手把不正确投退	安全事件隐患
207			二次电缆变形、破损	安全事件隐患
208			监视无应答，未在 1 个月内处理	安全事件隐患
209			运行环境恶劣，安装现场存在高温、高湿、污秽或震动等严重影响设备稳定运行的因素	安全事件隐患

序号	一级分类	二级分类	标准描述	分级
210	配电终端	站所终端（DTU）	外观、外壳有破损，降低设备防护等级，但够不上缺陷等级的情况	安全事件隐患
211			终端设备未采取二次安全防护措施	安全事件隐患
212			发生异音、告警灯动作、继电器不可靠动作等装置异常，且不构成设备缺陷的情况	安全事件隐患
213			缺失的标志标牌、内部线缆连接图等	一般事故隐患

第二节 典型案例

一、配电架空线路

[4-1] 违章施工——10kV 配电架空线路杆线下机械违章施工

编号：4-1	隐患分类：配电	隐患子分类：配电架空线路	隐患级别：安全事件隐患
隐患问题：10kV 配电架空线路杆线下机械违章施工			

大型施工机械进行线下违章施工

隐患描述及其后果分析：
　　10kV 配电架空线路杆线下机械违章施工，易发生施工机械碰线，造成断线、放电，对线路运行及人员安全构成隐患。《国家电网公司安全事故调查规程》第2.3.8.2 条规定，10kV 以上输变电设备跳闸（10kV 线路跳闸重合成功不计）、被迫停运、非计划检修、停止备用，或设备异常造成限（降）负荷（输送功率）运行，构成七级设备事件

隐患排查标准要求：
　　《安全生产隐患管控治理措施标准》（京电安〔2015〕25 号）规定，临近电缆线路（通道）有挖掘或建筑机械施工，未向施工方进行外力防护技术交底、未采取签订协议书等其他外力防护措施，构成安全事件隐患

隐患管控治理措施：
　　（1）立即进行制止，停止施工机械作业，并对施工单位讲清危害性，做好反外力宣传工作；
　　（2）确需进行机械施工，应做好现场人员看护，确保机械与导线保持安全距离；
　　（3）做好机械碰线后的事故预案，进行演练，尽快恢复供电，减小停电范围，缩短停电时间；
　　（4）对施工单位进行交底，并签署"施工现场电缆通道及电力电缆安全保护协议"

[4-2] 线下树木——10kV 配电架空线路树木超高，树线问题严重

编号：4-2	隐患分类：配电	隐患子分类：配电架空线路	隐患级别：安全事件隐患

隐患问题：10kV 配电架空线路树木超高

10kV 配电架空线路树木超高

隐患描述及其后果分析：

10kV 配电架空线路树木超高，树线问题严重，可能造成断线触电伤人，对线路运行构成隐患。《国家电网公司安全事故调查规程》第 2.1.2.7 条规定，无人员死亡和重伤，但造成 3 人以上 5 人以下轻伤者，构成七级人身事件

隐患排查标准要求：

《安全生产隐患管控治理措施标准》（京电安〔2015〕25 号）规定，线路存在树线矛盾、房线矛盾、违章建筑、交叉跨越等隐患，构成安全事件隐患

隐患管控治理措施：

（1）该隐患治理前，每周增加特巡 1 次，密切跟踪隐患发展情况，发现异常及时上报；

（2）针对隐患可能造成的事故，编写有针对性的应急处置预案，并进行演练；

（3）积极联系树权单位，对影响线路安全运行的树木进行修剪或砍伐；

（4）运维人员安排隐患设备特巡，该隐患治理前，每周巡视 1 次，有异常及时上报；

（5）运维人员完善该隐患设备可能造成事故的应急处置预案并熟悉、掌握，并在明显地方挂安全用电提示牌；

（6）及时联系责任单位，根据其反馈情况安排计划，并监督、复查处理情况

[4-3] 设备绝缘——10kV 架空线路设备绝缘老化

编号：4-3	隐患分类：配电	隐患子分类：配电架空线路	隐患级别：安全事件隐患

隐患问题：10kV 架空线路设备绝缘老化

10kV 架空线路设备绝缘老化

隐患描述及其后果分析：

架空线路柱上设备绝缘老化易造成突发性停电事故。《国家电网公司安全事故调查规程》第 2.2.8.1 条规定，10kV（含 20k 和 V6kV）供电设备（包括母线、直配线）异常运行或被迫停止运行，并造成减供负荷者，可能构成八级电网事件

隐患排查标准要求：

《安全生产隐患管控治理措施标准》（京电安〔2015〕25 号）规定，绝缘子硬伤、裂纹、脏污、闪络，超过 1 个月未处理，构成安全事件隐患

隐患管控治理措施：

（1）运维班组按巡视周期对架空线路展开巡视，对出现树线矛盾的架空线路设备，及时记录上报，有关专业负责人根据问题严重程度安排去树及破损设备更换工作；

（2）营销部门及时做好用电客户的摸排及受影响程度快速上报；

（3）应急抢修部门人员及时到现场进行故障排查及快速抢修，并通知发电车及时到位，保证临时受影响用电客户及时恢复；

（4）运维人员安排隐患设备特巡，该隐患治理前，每周巡视 1 次，并结合巡视开展状态监测，有异常及时上报；

（5）运维人员完善该隐患设备可能造成事故的应急处置预案并熟悉、掌握，并安排清擦，隐患危急时更换处理；

（6）检修班组安排好隐患设备的备品备件配备，为隐患治理做好准备

[4-4] 设备绝缘——配电线路电杆 TV 上口弓子绝缘胶带松脱下垂

编号：4-4	隐患分类：配电	隐患子分类：配电架空线路	隐患级别：安全事件隐患

隐患问题：配电线路电杆 TV 上口弓子绝缘胶带松脱下垂

配电线路电杆 TV 上口弓子绝缘胶带
松脱下垂

隐患描述及其后果分析：

配电线路电杆 TV 上口弓子绝缘胶带松脱下垂，如遇有大风、雨雪天气容易造成放电线路停电故障，《国家电网公司安全事故调查规程》第 2.3.8.2 条规定，10kV 以上输变电设备跳闸（10kV 线路跳闸重合成功不计）、被迫停运、非计划检修、停止备用，或设备异常造成限（降）负荷（输出功率）运行，构成八级电网事件

隐患排查标准要求：

《安全生产隐患管控治理措施标准》（京电安〔2015〕25 号）规定，引线不绝缘，上下引线连接不可靠，超过 1 个月未处理，构成安全事件隐患

隐患管控治理措施：

（1）该隐患治理前，每周巡视 1 次，并结合巡视开展状态监测，有异常及时上报；

（2）运维人员应编制该隐患设备可能造成事故的应急处置预案并演练；

（3）及时协调、准备隐患设备处所需备品备件；

（4）结合天气状态申请停电，安排检修人员进行施工准备，将 TV 上口弓子部位进行工艺处理

[4-5] 交叉跨越——变压器对地安全距离不够

编号：4-5	隐患分类：配电	隐患子分类：配电架空线路	隐患级别：安全事件隐患

隐患问题：变压器对地安全距离不够

变压器对地安全
距离不够

隐患描述及其后果分析：

10kV 变台因修路，变压器对地安全距离不够，设备易受到外界因素（人、物）影响，造成设备损坏，或人身伤亡，《国家电网公司安全事故调查规程》第 2.1.2.7 条规定，无人员死亡和重伤，但造成 3 人以上 5 人以下轻伤者，构成七级人身事件

隐患排查标准要求：

《安全生产隐患管控治理措施标准》（京电安〔2015〕25 号）规定，变台倾斜、下沉，变台及跌落式熔断器架对地距离不符合要求，超过 1 个月未处理，构成安全事件隐患

隐患管控治理措施：

（1）该隐患治理前，增加特巡，并悬挂警示牌，有异常及时上报；

（2）运维人员应编制该隐患设备可能造成事故的应急处置预案并演练；

（3）及时协调、准备隐患设备处所需备品备件；

（4）及时申请停电，安排检修人员进行施工准备，消除隐患。

（5）变压器台周围张贴危险告知书，安排人员调整加固

[4-6] 设备渗油——10kV 配电架空线路柱上变压器渗油

编号：4-6	隐患分类：配电	隐患子分类：配电架空线路	隐患级别：安全事件隐患

隐患问题：10kV 配电架空线路柱上变压器渗油

10kV 配电架空线路柱上变压器渗油

隐患描述及其后果分析：

　　10kV 配电架空线路柱上变压器渗油，易造成变压器本体爆炸、主绝缘击穿，对变压器安全运行存在一定的隐患。《国家电网公司安全事故调查规程》第 2.2.8.1 条规定，10kV（含 20kV 和 6kV）供电设备（包括母线、直配线）异常运行或被迫停止运行，并造成减供负荷者，构成八级电网事件

隐患排查标准要求：

　　《安全生产隐患管控治理措施标准》（京电安〔2015〕25 号）规定，有渗漏油、异味、异音，超过 1 个月未处理，构成安全事件隐患

隐患管控治理措施：

　　（1）加强隐患巡视力度，按照每天 1 次的周期进行隐患巡视，观察电压器渗油变化情况；

　　（2）结合巡视开展状态监测，对变压器进行测温测负荷工作，有异常及时上报；

　　（3）及时协调、准备备品变压器，对该变压器进行更换；

　　（4）对缺陷进行复测，并安排检修计划，监督检修人员进行处理，对外壳渗、漏油的进行修补，同时检测油位是否在合格范围内，不合格的进行补充；

　　（5）运维人员完善该隐患设备可能造成事故的应急处置预案并熟悉、掌握

[4-7] 防撞防洪——10kV 配电线路低压线杆杆基塌陷、护墙冲塌

编号：4-7	隐患分类：配电	隐患子分类：配电架空线路	隐患级别：安全事件隐患

隐患问题：10kV 配电线路低压线杆杆基塌陷、护墙冲塌

10kV 配电线路低压线杆杆基塌陷、护墙冲塌

隐患描述及其后果分析：

　　10kV 配电线路低压线杆杆基塌陷、护墙冲塌，易造成线杆根基不稳，倾斜随时有倒塌的危险。《国家电网公司安全事故调查规程》第 2.3.8.2 条规定，10kV 以上输变电设备跳闸（10kV 线路跳闸重合成功不计）、被迫停运、非计划检修、停止备用，或设备异常造成限（降）负荷（输送功率）运行，可能导致八级设备事件

隐患排查标准要求：

　　《安全生产隐患管控治理措施标准》（京电安〔2015〕25 号）规定，电杆倾斜、下沉、上拔，杆基周围土壤挖掘、冲刷或沉陷，电杆埋深不合格，超过 1 个月未处理，造成安全事件隐患

隐患管控治理措施：

　　（1）申请大修、技改项目及资金；

　　（2）安排停带电处缺工作；

　　（3）根据电杆的实际情况，调整加固电杆，隐患危急时进行更换处理；

　　（4）运维人员安排隐患设备特巡，该隐患治理前，有异常及时上报；

　　（5）运维人员完善该隐患设备可能造成事故的应急处置预案并熟悉、掌握，且电杆周围设安全围栏、张贴危险告知书，安排人员调整加固电杆；

　　（6）检修班组安排好隐患设备的备品备件配备，为隐患治理做好准备

二、配电站室

[4-8] 电缆封堵——10kV 开关站电缆穿孔非专业封堵

编号：4-8	隐患分类：配电	隐患子分类：配电站室	隐患级别：安全事件隐患
隐患问题：10kV 开关站电缆穿孔非专业封堵			

10kV 开关站电缆穿孔非专业封堵

隐患描述及其后果分析：

　　10kV 开关站电缆穿孔非专业封堵，易造成电缆穿孔渗、漏水，存在设备安全事件隐患。《国家电网公司安全事故调查规程》第 2.3.7.1 条规定，造成 10 万元以上 20 万元以下直接经济损失者，构成七级设备事件

隐患排查标准要求：

　　《安全生产隐患管控治理措施标准》（京电安〔2015〕25 号）规定，配电站室未按《北京市电力公司电缆管孔封堵技术指导原则》（京电运检〔2013〕11 号）做好封堵，造成安全事件隐患

隐患管控治理措施：

（1）加强站室巡视检查工作；

（2）站内设备异常时及时与调度联系；

（3）在该站室供电范围内有停电报修时，运行人员要及时赶往现场查明原因；

（4）在发生事故进行处理时，要确保现场安全措施到位；

（5）对电缆穿孔重新进行专业封堵，消除隐患；

（6）及时采取临时封堵措施

[4-9] 直流系统——10kV 开关站直流蓄电池欠电压报警

编号：4-9	隐患分类：配电	隐患子分类：配电站室	隐患级别：安全事件隐患

隐患问题：10kV 开关站直流蓄电池欠电压报警

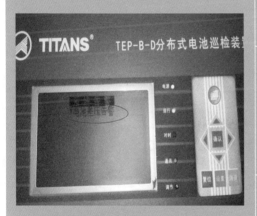

10kV 开关站直流蓄电池欠电压报警

隐患描述及其后果分析：

10kV 开关站直流蓄电池欠电压报警，易造成直流设备故障，影响设备正常运行。《国家电网公司安全事故调查规程》第 2.3.7.1 条规定，造成 10 万元以上 20 万元以下直接经济损失者，构成七级设备事件

隐患排查标准要求：

《安全生产隐患管控治理措施标准》（京电安〔2015〕25 号）规定，蓄电池电压低告警、蓄电池渗液等，造成安全事件隐患

隐患管控治理措施：

（1）运维人员安排隐患设备特巡，该隐患治理前，每周巡视 1 次，并结合巡视开展状态监测；

（2）站内设备异常时及时与调度联系；

（3）在该站室供电范围内有停电报修时，运行人员要及时赶往现场查明原因；在发生事故进行处理时，要确保现场安全措施到位；

（4）检修班组安排好隐患设备的备品备件配备，更换直流蓄电池，消除隐患；

（5）运维人员完善该隐患设备可能造成事故的应急处置预案并熟悉、掌握

[4-10] 设备本体——10kV 箱式变压器地排丢失

编号：4-10	隐患分类：配电	隐患子分类：配电站室	隐患级别：安全事件隐患

隐患问题：10kV 箱式变压器地排丢失

箱式变压器地排丢失

隐患描述及其后果分析：

10kV 箱式变压器地排丢失易造成设备外壳带电，危及设备安全、影响设备正常运行。《国家电网公司安全事故调查规程》第 2.2.8.1 条规定，10kV（含 20kV 和 6kV）供电设备（包括母线、直配线）异常运行或被迫停止运行，并造成减供负荷者，构成八级电网事件

隐患排查标准要求：

《安全生产隐患管控治理措施标准》（京电安〔2015〕25 号）规定，接线端子存在损伤，超过 1 个月未处理，构成安全事件隐患

隐患管控治理措施：

（1）加强对该箱式变压器的巡视力度，常规巡视中针对该类隐患加强巡视；

（2）及时协调、准备处理该隐患所需的备品备件；

（3）提前制订停电计划，为消除隐患创造条件；

（4）运维人员完善该隐患设备可能造成事故的应急处置预案并熟悉、掌握；

（5）对接线端子进行检查，对损伤部位进行处理

[4-11] 渗漏水——10kV 开关站房顶渗水

编号：4-11	隐患分类：配电	隐患子分类：配电站室	隐患级别：一般事故隐患

隐患问题：10kV 开关站房顶渗水

10kV 开关站房顶渗水

隐患描述及其后果分析：

　　10kV 开关站房顶渗水，易造成设备放电短路，从而导致设备损毁，对设备安全运行存在一定的隐患。《国家电网公司事故调查规程》第 2.3.7.1 条规定，造成 10 万元以上 20 万元以下直接经济损失者，可能造成七级设备事件

隐患排查标准要求：

　　《安全生产隐患管控治理措施标准》（京电安〔2015〕25 号）规定，配电室房屋有渗漏雨、水淹、地基下沉、墙体开裂等安全隐患，室内设备顶部有灯具掉落、墙皮脱落等危及设备安全运行的可能，构成安全事件隐患

隐患管控治理措施：

（1）运行人员加强巡视，关注渗漏面积是否增大，在雨天进行特巡；

（2）做好对设备受潮的评估，必要时善盖受影响设备；

（3）做好设备与渗漏点的隔离工作，渗漏物不得落到在运设备上；

（4）组织房屋修缮人员对现场查活，立项。对渗漏点进行全面整治

[4-12] 气体泄漏——10kV 开关站断路器 SF_6 气体泄漏

编号：4-12	隐患分类：配电	隐患子分类：配电站室	隐患级别：安全事件隐患

隐患问题：10kV 开关站断路器 SF_6 气体泄漏

SF_6 气体泄漏

隐患描述及其后果分析：

10kV 开关站断路器 SF_6 气体泄漏，对环境造成污染，易造成人员吸入有毒气体，对人员及环境安全构成隐患且 SF_6 气体不足，影响断路器灭弧效果，可能影响设备的正常运行，《国家电网公司安全事故调查规程》第 2.3.8.2 条规定，10kV 以上输变电设备跳闸（10kV 线路跳闸重合成功不计）、被迫停运、非计划检修、停止备用，或设备异常造成限（降）负荷（输送功率）运行，构成七级设备事件

隐患排查标准要求：

《安全生产隐患管控治理措施标准》（京电安〔2015〕25 号）规定，SF_6 气体泄漏或气压低于安全要求，超过 24h 未处理，构成安全事件隐患

隐患管控治理措施：

（1）该隐患治理前，人员进入设备室前先通风 15min，并进行气体检测，气体检测合格后再进入；

（2）熟悉对防护器具的正确使用，并进行演练；

（3）尽快安排停电，对断路器进行补气、维修；

（4）组织专业人员对气体泄漏点进行探测，制订检修方案并安排检修计划，监督检修人员进行处理

[4-13] 设备渗油——10kV 配电室专业封堵螺栓未紧固，存在渗漏

编号：4-13	隐患分类：配电	隐患子分类：配电站室	隐患级别：一般事故隐患

隐患问题： 10kV 配电室专业封堵螺栓未紧固，存在渗漏

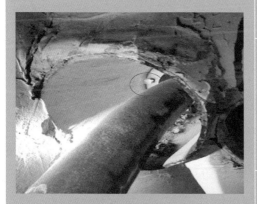

10kV 配电室专业封堵螺栓
未紧固，存在渗漏

隐患描述及其后果分析：

10kV 配电室专业封堵螺栓未紧固，易造成电缆孔洞封墙不严，发生渗漏现象，影响电缆安全运行。《国家电网公司安全事故调查规程》2.3.7.1 规定，造成 10 万元以上 20 万元以下直接经济损失者，可能产生七级设备事件

隐患排查标准要求：

《安全生产隐患管控治理措施标准》（京电安〔2015〕25 号）规定，配电站室未按《北京市电力公司电缆管孔封堵技术指导原则》（京电运检〔2013〕11 号）做好封堵，构成一般事故隐患

隐患管控治理措施：

（1）该隐患治理前，每周巡视 1 次，有异常及时上报；

（2）发建部和运维检修部加强设备投产验收；

（3）及时协调、发建部要求施工单位严格按照工艺开展施工，对封堵装置拧紧，达到工艺要求才能投运；

（4）加强施工后的检查，不符合标准的一律不能投产；

（5）立查立改，及时将未拧紧的螺栓紧固

三、配电电缆线路

[4-14] 电缆接头——开关站站室电缆夹层内有接头

编号：4-14	隐患分类：配电	隐患子分类：配电电缆线路	隐患级别：一般事故隐患

隐患问题：开关站站室电缆夹层内有接头

开关站站室电缆夹层内有接头

隐患描述及其后果分析：

开关站站室电缆夹层内有接头，降低了电缆安全可靠性，可能使电路中断。《国家电网公司安全事故调查规程》第2.2.7.8条规定，地级市以上地方人民政府有关部门确定的临时性重要电力用户电网侧供电全部中断，可能造成七级电网事件，构成一般事故隐患

隐患排查标准要求：

《安全生产隐患管控治理措施标准》（京电安〔2015〕25号）规定，变配电站室夹层、桥架、竖井等电缆密集区域有中间接头，构成一般事故隐患

隐患管控治理措施：

（1）安排专人加强巡视，发现问题立即上报相关领导；

（2）近期安排对此电缆进行试验；

（3）加装防爆槽盒，防止事故扩大；

（4）编制应急预案及备品备件的准备工作，通知抢修队伍，及时处理故障；

（5）给夹层、桥架内的电缆中间接头加装防爆槽盒；给竖井内的电缆接头加装防爆槽盒，并做好固定；

（6）申请技改资金，将电缆接头移出夹层或电缆密集区域

[4-15] 电缆试验——10kV 电缆介损试验不合格

编号：4-15	隐患分类：配电	隐患子分类：配电电缆线路	隐患级别：一般事故隐患

隐患问题：10kV 电缆介损试验不合格

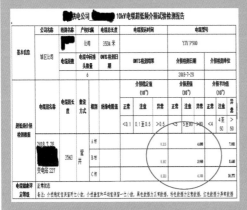

试验仪器显示试验数据不合格

隐患描述及其后果分析：

电缆介损试验不合格电缆的安全可靠性降低，可能造成电缆中断运行，导致用户大面积停电。《国家电网公司安全事故调查规程》第 2.3.8.2 条规定，10kV 以上输变电设备跳闸（10kV 线路跳闸重合成功不计）、被迫停运、非计划检修、停止备用，或设备异常造成限（降）负荷（输送功率）运行，构成八级设备事件

隐患排查标准要求：

《安全生产隐患管控治理措施标准》（京电安〔2015〕25 号）规定，试验不合格，未按规程处理，构成一般事故隐患

隐患管控治理措施：

（1）该隐患治理前，每周巡视 1 次，并结合巡视开展状态监测，有异常及时上报；每周分析 1 次电缆线路负荷情况，检查电缆是否重载。

（2）运维人员应编制该隐患设备可能造成事故的应急处置预案并演练。

（3）及时协调、准备隐患设备处缺所需备品备件。

（4）结合天气状态，安排停电进行处理，更换电缆接头

[4-16] 电缆老化——10kV 电力电缆线路存在电缆整体绝缘老化

编号：4-16	隐患分类：配电	隐患子分类：配电电缆线路	隐患级别：一般事故隐患

隐患问题： 10kV 电力电缆线路存在电缆整体绝缘老化

10kV 电力电缆线路存在电缆整体绝缘老化

隐患描述及其后果分析：

10kV 电力电缆线路存在电缆整体绝缘老化，易造成电缆放电，中断电路，影响供电，导致地市级以上地方人民政府有关部门确定的临时性重要用户电网侧供电全部中断。《国家电网公司安全事故调查规程》第 2.2.7.8 条规定，地级市以上地方人民政府有关部门确定的临时性重要电力用户电网侧供电全部中断，可能造成七级电网事件，构成一般事故隐患

隐患排查标准要求：

《安全生产隐患管控治理措施标准》（京电安〔2015〕25 号）规定，为重要客户供电的公司外电源电缆绝缘老化，构成一般事故隐患

隐患管控治理措施：

（1）安排电缆中间接头在线监测工作，如发现异常问题，及时停电处理。制定现场处置预案并演练。

（2）定期开展电缆管井或隧道的环境整治工作，尤其是要确保电缆中间接头的运行环境，及时对管井或隧道内的积水进行处理，避免接头长期处在潮湿环境，引起故障。

（3）安排电缆线路停电检修，对绝缘薄弱电缆头及电缆整体更换。

（4）运维人员完善该隐患设备可能造成事故的应急处置预案并熟悉、掌握。

（5）检修班组安排好隐患设备的备品备件配备，为隐患治理做好准备

[4-17] 电缆泡水——10kV 配电线路部分电缆沟道内电缆及中间接头被水浸泡

编号：4-17	隐患分类：配电	隐患子分类：配电电缆线路	隐患级别：一般事故隐患

隐患问题：10kV 配电线路部分电缆沟道内电缆及中间接头被水浸泡

10kV 配电线路部分电缆沟道内电缆
及中间接头被水浸泡

隐患描述及其后果分析：

10kV 配电线路部分电缆沟道内电缆及中间接头被水浸泡，易造成中间接头内部浸水，导致中间接头放电损坏，影响电缆安全运行，对电网安全运行存在一定的隐患，根据公司运行要求，构成一般事件隐患。《国家电网公司安全事故调查规程》第 2.2.8.1 条规定，10kV（含 20kV、6kV）供电设备（包括母线、直配线）异常运行或被迫停止运行，并造成减供负荷者，构成八级电网事件

隐患排查标准要求：

《安全生产隐患管控治理措施标准》（京电安〔2015〕25 号）规定，获知电缆通道遭受油、水、气进入或占压等外部侵害信息后，未立即采取管控措施，未跟进采取消除外部侵害的永久措施，构成一般事故隐患

隐患管控治理措施：

（1）加强隐患巡视力度，按照每天 1 次的周期进行隐患巡视，观察电缆隧道内积水情况；

（2）更换被浸电缆中间接头，并制作吊钩等将电缆和液体表面隔离；

（3）将实际情况上报北京公司运检部，申请资金制作全防水沟道；

（4）编制应急预案，做好应急抢修力量和应急物资准备工作，必要时，采取临时保护措施；

（5）检修班组安排好隐患设备的备品备件配备，为隐患治理做好准备

[4-18] 电缆材质——10kV 电缆为油纸绝缘

编号：4-18	隐患分类：配电	隐患子分类：配电电缆线路	隐患级别：一般事故隐患

隐患问题：10kV 电缆为油纸绝缘

终点名称	02220070210001终端头
终点描述	02220070210001终端头
电缆长度(m) *	1392.7
电缆截面	3×185
型号 *	ZQD22
导线形状	圆
线芯材料	铜芯
芯数 *	三芯
载流量(A)	

10kV 电缆为油纸绝缘

隐患描述及其后果分析：

检查 10kV 电缆发现该电缆（型号为 ZQD22，不滴流油浸纸绝缘铅套钢带铠装聚氯乙烯套电力电缆），属于油纸绝缘电缆，可靠性低，易造成临时性重要电力用户电网侧供电全部中断。《国家电网公司安全事故调查规程》第 2.2.7.8 条规定，地市级以上地方人民政府有关部门确定的临时性重要电力用户电网侧供电全部中断，构成七级电网事件

隐患排查标准要求：

《安全生产隐患管控治理措施标准》（京电安〔2015〕25 号）规定，为重要客户供电的公司外电源电缆绝缘老化（多路供电的，线路中均有油纸电缆段；单路供电的，存在油纸电缆段），构成一般事故隐患

隐患管控治理措施：

（1）运维方面：安排电缆在线监测工作，如发现异常问题，及时停电处理。制定现场处置预案并演练。

（2）故障发生时运行人员迅速配合调度开展电网设备的检查与倒方式工作。

（3）调度方面：①变电站发生全停事故后，积极配合区调开展变电站的恢复送电工作；②变电站电源短时无法恢复时，及时实施母线反带措施，尽快恢复临时性重要用户的供电。

（4）应急方面：及时对临时性重要客户冶金部实施发电车接入，恢复重要客户的供电

[4-19] 电缆站室——10kV 分界小室墙体渗水

编号：4-19	隐患分类：配电	隐患子分类：配电电缆线路	隐患级别：一般事故隐患

隐患问题：10kV 分界小室墙体渗水

10kV 分界小室墙体渗水

隐患描述及其后果分析：

10kV 分界小室墙体渗水，造成小室地面积水，影响设备安全运行，可能造成小区停电的隐患。《国家电网公司安全事故调查规程》第 2.2.8.1 条规定，10kV（含 20kV、6kV）供电设备（包括母线、直配线）异常运行或被迫停止运行，并造成减供负荷者，构成八级安全事件

隐患排查标准要求：

《安全生产隐患管控治理措施标准》（京电安〔2015〕25 号）规定，获知电缆通道遭受油、水、气进入或占压等外部侵害信息后，未立即采取管控措施，未跟进采取消除外部侵害的永久措施，造成一般事故隐患

隐患管控治理措施：

（1）该隐患治理前，运行人员每周增加特巡 1 次，及时了解此处隐患的变化，并做好记录，并结合巡视开展状态监测，有异常及时上报。

（2）运维人员应编制该隐患设备可能造成事故的应急处置预案并演练。

（3）及时协调、准备隐患设备处缺所需备品备件，做好应急抢修和应急物资准备工作。

（4）上报有关部门，安排专项资金，进行应急改造

[4-20] 电缆封堵——10kV 开闭器基础未封堵

编号：4-20	隐患分类：配电	隐患子分类：配电电缆线路	隐患级别：安全事件隐患
隐患问题：10kV 开闭器基础未封堵			

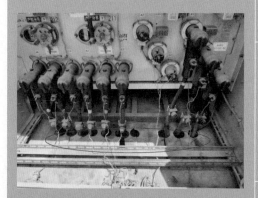

10kV 开闭器基础未封堵

隐患描述及其后果分析：

巡视时发现，10kV 开闭器基础未封堵，易造成开闭器内部凝露隐患，导致设备停止运行。Q/GDW 02 1 4301—2010《配电网运行标准》规定，该情况构成八级设备事件，定级为安全事件隐患

隐患排查标准要求：

《安全生产隐患管控治理措施标准》（京电安〔2015〕25号）规定，设备底板或电缆进线处封堵不严导致严重受潮，未在 1 个月内处理，构成安全事件隐患

隐患管控治理措施：

（1）运维班组加强巡视；

（2）对开闭器基础底板进行封堵；

（3）隐患治理前，每周进行一次设备运行巡视，查看设备有无凝露

CHAPTER 5

第五章

环境专业隐患排查
治理标准及典型案例

第一节 环境专业隐患排查治理标准

环境专业隐患排查治理标准

序号	一级分类	二级分类	标准描述	分级
1	变电站	环境	变电站进站道路封堵，致使进出变电站道路阻塞	安全事件隐患
2			变电站周边存放易燃易爆物品，距离不满足规范要求	安全事件隐患
3			变电站外地面高于变电站内部较多，围墙高度不满足防盗要求	安全事件隐患
4	输电架空线路	通道环境	易遭外力碰撞的线路杆塔未设置防撞墩、涂刷醒目标志漆	一般事故隐患
5			输电线路通道内堆土、堆物，造成杆塔（拉线）被埋	一般事故隐患
6			对易遭受施工车辆（机械）破坏、异物短路、树竹放电、风筝挂线、钓鱼碰线、火灾、爆破作业等、取土、挖砂、采石外力破坏的杆塔、导地线、拉线等设备，未制定和落实有效的管控措施	一般事故隐患

第二节　典型案例

一、变电站环境

[5-1] 易燃物——220kV 变电站周围有大量易燃物

编号：5-1	隐患分类：环境	隐患子分类：变电站环境	隐患级别：安全事件隐患

隐患问题：220kV 变电站周围有大量易燃物

220kV 变电站周围有大量易燃物

隐患描述及其后果分析：

220kV 变电站周围有居民收集的大量废品，大部分为硬纸板，易造成火灾，危及变电站安全。《国家电网公司安全事故调查规程》第 2.3.7.6 条规定，发生火灾，构成七级设备事件

隐患排查标准要求：

《安全生产隐患管控治理措施标准》（京电安〔2015〕25 号）规定，变电站周边存放易燃易爆物品，距离不满足规范要求，构成安全事件隐患

隐患管控治理措施：

（1）运维人员发现隐患立即上报，并监督隐患治理情况；

（2）清除周边易燃的异物，并与周边居民沟通协调；

（3）缩短消防设施专业人员检查检测周期，每两周开展一次，确保消防设施可靠有效投运，消除站内各类消防安全隐患；

（4）运维人员完善该隐患可能造成事故的应急处置预案并熟悉、掌握，隐患彻底治理前，每月安排 1 次应急处置演练

[5-2] 道路封堵——220kV 变电站进出口停放车辆，造成道路封堵

编号：5-2	隐患分类：环境	隐患子分类：变电站环境	隐患级别：安全事件隐患

隐患问题：220kV 变电站进出口停放车辆，造成道路封堵

220kV 变电站进出口停放车辆，
造成道路封堵

隐患描述及其后果分析：

220kV 变电站进出口长时间停放有私家车，造成道路封堵，如变电站突发火灾，将影响消防车辆进入站内。《国家电网公司安全事故调查规程》第 2.3.7.6 条规定，发生火灾，构成七级设备事件

隐患排查标准要求：

《安全生产隐患管控治理措施标准》（京电安〔2015〕25 号）规定，变电站进站道路封堵，致使进出变电站道路阻塞，构成安全事件隐患

隐患管控治理措施：

（1）运维人员发现隐患立即上报，并监督隐患治理情况；

（2）通知车主挪动车辆，并设立禁止停车警示牌；

（3）运维人员缩短巡视周期，对停放车辆的行为进行制止；

（4）运维人员完善该隐患可能造成事故的应急处置预案并熟悉、掌握，隐患彻底治理前，每月安排 1 次应急处置演练；

（5）管控责任单位及时向属地政府行政管理等相关部门报告，提出合法诉求，加强沟通协调，争取政策等方面的支持

二、输电架空线路

[5-3] 异物——220kV 输电线路杆塔挂异物

编号：5-3	隐患分类：环境	隐患子分类：输电架空线路	隐患级别：一般事故隐患

隐患问题：220kV 输电线路杆塔挂异物

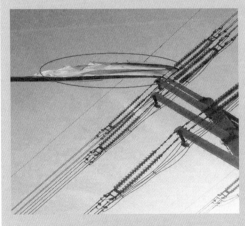

220kV 输电线路杆塔挂异物

隐患描述及其后果分析：

220kV 输电线路杆塔挂异物，易造成导线接地或相间短路，对电网安全构成隐患。《国家电网公司安全事故调查规程》第 2.3.7.2 条规定，35kV 以上输变电主设备被迫停运，时间超过 24h，构成七级设备事件

隐患排查标准要求：

《国家电网公司十八项电网重大反事故措施》第 6.7.2.4 条规定，及时清理线路通道内的树障、堆积物等，严防因树木、堆积物与电力线路距离不够引起放电事故，及时清理或加固线路通道内彩钢瓦、大棚、遮阳网等易飘浮物，未满足此项规定，构成一般事故隐患

隐患管控治理措施：

（1）及时联系检修公司专业人员进行异物清除，未清除前安排人员进行定点看护；

（2）清除周边易被风刮起的异物，开展反外力宣传工作，向周边工地发放隐患整改通知书；

（3）做好线路跳闸事故预案，随时准备对电网运行方式进行调整

[5-4] 违章施工——220kV 输电线路两级杆塔间存在施工类隐患

编号：5-4	隐患分类：环境	隐患子分类：输电架空线路	隐患级别：一般事故隐患

隐患问题：220kV 输电线路两级杆塔间存在施工类隐患

220kV 输电线路两级杆塔间存在施工类隐患

隐患描述及其后果分析：

220kV 输电线路两级杆塔间线路走廊保护区内有大型起重机械、塔吊等施工作业，有可能发生吊车碰线，造成区域停电，影响重要用户可靠用电；同时拆迁产生建筑垃圾、生活垃圾等飘浮物，可能造成异物搭挂，造成大面积停电。《国家电网公司安全事故调查规程》第 2.3.7.2 条规定，35kV 以上输变电主设备被迫停运，时间超过 24h，构成七级设备事件

隐患排查标准要求：

《安全生产隐患管控治理措施标准》（京电安〔2015〕25 号）规定，对易遭受施工车辆（机械）破坏、异物短路、树竹放电、风筝挂线、钓鱼碰线、火灾、爆破作业等、取土、挖砂、采石外力破坏的杆塔、导地线、拉线等设备，未制定和落实有效的管控措施，构成一般事故隐患

隐患管控治理措施：

（1）向隐患责任单位发放安全宣传单，签订隐患整改协议书，安全协议书。

（2）安排人员定点看护，每日开展巡视工作两次，一旦发现易漂浮物做好加固、清理。

（3）针对隐患点制定"一患一案"，明确巡视看护人员、职责、应急处置流程等。

（4）正式将隐患整改建议向区发改委行函告知，借助政府力量推进隐患治理。

（5）现场安装反外力警示牌；运维人员定期与隐患责任单位或个人联系，开展反外力宣传联系工作，发放隐患整改通知书，签订对外宣传联系单或安全协议，并及时了解隐患变动情况。

（6）根据现场实际情况，安排护线人员定点看护或加装反外力视频监控系统

[5-5] 线下树木——220kV 输电线路线下存在树木

编号：5-5	隐患分类：环境	隐患子分类：输电架空线路	隐患级别：一般事故隐患

隐患问题：220kV 输电线路线下存在树木

220kV 输电线路线下存在树木

隐患描述及其后果分析：

220kV 输电线路线下存在树木，不满足安全距离，易造成放电现象，使线路跳闸闪断，对电网安全运行存在一定的隐患。《国家电网公司安全事故调查规程》第 2.3.7.2 条规定，35kV 以上输变电主设备被迫停运，时间超过 24h，构成七级设备事件

隐患排查标准要求：

《安全生产隐患管控治理措施标准》（京电安〔2015〕25 号）规定，对易遭受施工车辆（机械）破坏、异物短路、树竹放电、风筝挂线、钓鱼碰线、火灾、爆破作业等、取土、挖砂、采石外力破坏的杆塔、导地线、拉线等设备，未制定和落实有效的管控措施，构成一般事故隐患

隐患管控治理措施：

（1）该隐患治理前，每周巡视 1 次，发现异常及时上报；

（2）运维人员应编制该隐患设备可能造成事故的应急处置预案并演练；

（3）及时与树木权属人沟通、协调；

（4）安排检修人员进行施工准备，对隐患部位进行去树工作；

（5）隐患治理前、运维人员定期与隐患责任单位或个人联系，开展反外力宣传联系工作，发放隐患整改通知书，签订对外宣传联系单或安全协议，并及时了解隐患变动情况

[5-6] 线下飘浮物——110kV 输电线路线下有蔬菜大棚

编号：5-6	隐患分类：环境	隐患子分类：输电架空线路	隐患级别：一般事故隐患

隐患问题：110kV 输电线路线下有蔬菜大棚

110kV 输电线路线下有蔬菜大棚

隐患描述及其后果分析：

110kV 输电线路线下有蔬菜大棚，如遇大风天气，容易使大棚上的塑料膜卷飞，造成导线接地或相间短路故障，从而导致输电线路被迫停运。《国家电网公司安全事故调查规程》第 2.3.7.2 条规定，35kV 以上输变电主设备被迫停运，时间超过 24h，构成七级设备事件

隐患排查标准要求：

《安全生产隐患管控治理措施标准》（京电安〔2015〕25 号）规定，对爆破、取土、挖沙、采石等外力破坏的杆塔、导/地线、拉线等电力设备未制定和落实有效的管控措施的条款，构成一般事故隐患

隐患管控治理措施：

（1）该隐患治理前，每周巡视 1 次，发现异常及时上报；

（2）运维人员应编制该隐患可能造成事故的应急处置预案并演练；

（3）及时与隐患区域相关人员沟通、协调，告知隐患后果；

（4）对因外部原因治理难度较大的，向政府相关部门进行报告，请求政府部门妥善解决

[5-7] 线下飘浮物——110kV 输电线路线下有大面积彩钢房

编号：5-7	隐患分类：环境	隐患子分类：输电架空线路	隐患级别：一般事故隐患

隐患问题：110kV 输电线路线下有大面积彩钢房

110kV 输电线路 56-57 线下
有大面积彩钢房

隐患描述及其后果分析：

输电线路 56-57 线下有大面积彩钢房，如遇大风天气，容易使彩钢卷飞，造成导线接地或相间短路故障，从而导致输电线路被迫停运，可能导致外力影响，对输电线路造成破坏。《国家电网公司安全事故调查规程》第 2.3.7.2 条规定，35kV 以上输变电主设备被迫停运，时间超过 24h，构成七级设备事件

隐患排查标准要求：

《安全生产隐患管控治理措施标准》（京电安〔2015〕25 号），对易遭受施工车辆（机械）破坏、异物短路、树竹放电、风筝挂线、钓鱼碰线、火灾、爆破作业等、取土、挖砂、采石外力破坏的杆塔、导地线、拉线等设备，未制定和落实有效的管控措施，构成一般事故隐患

隐患管控治理措施：

（1）该隐患治理前，每天巡视 1 次，并结合巡视情况，对隐患进行实时监控，发现异常及时上报；

（2）运行人员对其发放隐患通知书和安全宣传单，现场树立安全警示牌；

（3）根据隐患的变化情况安排人员进行盖压或看护；

（4）结合天气情况，在雨季、大风天气，加强对此处的巡视，安排专人进行，做到发现及时、处理及时；

（5）联合政府部门，推进线下隐患的治理进展

CHAPTER **6**

第六章
电网专业隐患排查
治理标准及典型案例

第一节　电网专业隐患排查治理标准

电网专业隐患排查治理标准

序号	一级分类	二级分类	标准描述	分级
1	系统运行	网架结构	电网分区之间无备用联络线路	一般事故隐患
2			未根据电网变化及时编制或调整"黑启动"方案及调度实施方案	一般事故隐患
3			受端电网单个通道的输送容量超过受端系统最大负荷的 10%~15%	一般事故隐患
4			110kV 及以上电压等级变电站单电源或单主变压器运行	一般事故隐患
5			4 座及以上 220kV 变电站负荷通过两回线带出，任一回线掉闸，将形成单回线带四座变电站，电网结构薄弱	一般事故隐患
6			110kV 及以上电压等级的变电站上级电源从同一变电站出线，如上级变电站全停，则相应的变电站全停	一般事故隐患
7			同塔并架双回线路 N-2 故障，将造成 1 个及以上 220kV 变电站全停	一般事故隐患
8			同塔并架双回线路 N-2 故障，将造成 3 个及以上 110kV 变电站全停	一般事故隐患
9			同沟道双回电缆线路 N-2 故障，将造成 1 个及以上 220kV 变电站或 3 个及以上 110kV 变电站全停	一般事故隐患

序号	一级分类	二级分类	标准描述	分级
10	系统运行	网架结构	同塔并架双回线或同沟道双回电缆线路 N-2 故障，将造成地区重要电厂全停	一般事故隐患
11			220kV 变电站担负某一地区全部负荷，两回主供电源来自同一变电站且为同一走向，若上级变电站或两回线路故障，可能造成变电站全停，达到一般事故等级	一般事故隐患
12			电网的重要断面由两个及以上输电通道构成，当其中一个输电通道故障跳闸，引起其他输电通道过载，并直接导致电网减供负荷（或供电用户停电）的比例达到隐患事故等级	一般事故隐患
13			若高电压等级通道发生故障全部失却，低电压等级主变压器及输电通道线路或设备过载。并直接导致电网减供负荷（或供电用户停电）	一般事故隐患
14			单一事件造成 220kV 变电站全停且与相邻站点无联络，短时间内难以恢复停电负荷	一般事故隐患
15		短路电流	在电网正常方式下，短路电流超过设备允许值	一般事故隐患
16			针对短路电流分析中出现超标的问题未逐一制定限制措施	一般事故隐患
17		静态安全水平	220kV 及以上电压等级的电网，元件 N-1 故障后可能导致电缆线路过负荷，或架空线路过负荷超过 20%，或 500kV 和 220kV 变压器过负荷超过 20%、45%	II 级重大事故隐患
18			110kV 及以下电压等级的电网，元件 N-1 故障后可能导致电缆线路过负荷，或架空线路过负荷超过 20%，或变压器过负荷超过 80%	一般事故隐患

序号	一级分类	二级分类	标准描述	分级
19	系统运行	静态安全水平	严重故障情况下,相关 220kV 自投拒动将造成停电面积扩大,电网事件升级	一般事故隐患
20			正常情况下 220kV 及以下变电站主变压器负载率均在 80% 以上	一般事故隐患
21		稳定分析及运行管理	未执行电网各项运行控制要求,超运行控制极限运行;电网一次设备故障后,未按照故障后电网运行控制的要求,尽快将相关设备的潮流(或发电机出力、电压等)控制在规定值以内;未通过 EMS 系统实现对有电网运行控制要求的设备进行实时在线监测和越限告警	Ⅱ级重大事故隐患
22			任何线路单相瞬时接地故障重合成功或单相永久故障重合不成功、三相断开不重合或三相故障断开不重合,系统无法保持稳定和正常供电	一般事故隐患
23			任一线路三相故障单相开关拒动情况下,将导致相应机组失稳	一般事故隐患
24			任一发电机跳闸或失磁,任一台变压器、线路、母线故障退出运行,系统无法保持稳定	一般事故隐患
25			同杆架设多回(2 回及以上)输电线路同时跳闸,系统无法保持稳定	一般事故隐患
26		安全自动装置	调度机构未根据电网变化情况不定期分析、调整各种安全自动装置的配置或整定值;或未按照规程规定每年下达低频减载方案,及时跟踪负荷变化,分析低频减载实测容量,定期核查、统计、分析各种安全自动装置的运行情况	Ⅱ级重大事故隐患
27		无功电压运行管理	并网发电机未具备满负荷时功率因数在 0.85(滞相)~0.97(进相)运行的能力或新建机组不满足进相 0.95 运行的能力或发电机自带厂用电运行时,进相能力低于 0.97	安全事件隐患

序号	一级分类	二级分类	标准描述	分级
28	系统运行	无功电压运行管理	中枢点电压超出电压合格范围时，不能及时向运行人员告警	安全事件隐患
29			电网突然失去一回线路、一台最大容量无功补偿设备或本地区一台最大容量发电机（包括发电机失磁）时，未能保持电压稳定	Ⅱ级重大事故隐患
30			城市电网主供网及以下电压等级电网无功电源安排总容量，小于电网最大自然无功负荷的 115%	一般事故隐患
31			动态无功补偿容量不满足城市电网内发电机在额定功率运行时总发电容量 5%~10% 的无功储备要求	一般事故隐患
32		机网协调	并网电厂发电机组配置的涉网保护定值及机组异常保护定值未备案	Ⅱ级重大事故隐患
33			并网发电机组涉及电网安全稳定运行的励磁系统（含 PSS 电力系统稳定器）和调速系统（含一次调频）的配置、性能、参数设置等未进行并网试验	Ⅱ级重大事故隐患
34			发电机组低频保护定值未低于系统低频减载的最低一级定值，机组低电压保护定值未低于系统（或所在地区）低压减载的最低一级定值	一般事故隐患
35			并网发电机组的一次调频功能参数未按照电网运行的要求进行整定，一次调频功能未按照电网有关规定投入运行	Ⅱ级重大事故隐患
36			新投产机组和在役机组大修、通流改造、DEH 或 DCS 控制系统改造及运行方式改变后，发电厂未向相应调度部门交付由技术监督部门或有资质的试验单位完成的一次调频性能试验报告	Ⅱ级重大事故隐患

序号	一级分类	二级分类	标准描述	分级
37	系统运行	机网协调	发电厂未编制相应的进相运行规程，发电机不能监视双向无功功率和功率因数。根据可能的进相深度，当静稳定成为限制进相因素时，未监视发电机功角进相运行	Ⅱ级重大事故隐患
38			300MW 及以上并网机组发电厂未制定完备的发电机带励磁失步振荡故障应急措施，并未按有关规定做好保护定值整定	Ⅱ级重大事故隐患
39		风电大面积脱网	电力系统发生故障、并网点电压出现跌落时，风电场未动态调整机组无功功率和场内无功补偿容量	Ⅱ级重大事故隐患
40			风电场无功动态调整的响应速度未与风电机组高电压耐受能力相匹配，在调节过程中可能存在风电机组因高电压而脱网问题	Ⅱ级重大事故隐患
41			风电机组主控系统参数和变流器参数设置未与电压、频率等保护协调一致	Ⅱ级重大事故隐患
42			风电场内涉网保护定值未与电网保护定值相配合，并未报电网调度部门备案	Ⅱ级重大事故隐患
43			风电机组故障脱网后自动并网，故障脱网的风电机组不经电网调度部门许可而并网	Ⅱ级重大事故隐患
44		重要客户	特级重要客户不具备三路电源供电条件，或不满足至少有两路电源应当来自不同的变电站的条件	一般事故隐患
45			一级重要客户单电源	一般事故隐患
46			二级重要客户单电源	一般事故隐患

序号	一级分类	二级分类	标准描述	分级
47	系统运行	重要客户	10kV 一级重要用户双路电源来自上级同一（220、110kV）变压器（线路），变压器（线路）故障，该重要用户电网侧电源全停	一般事故隐患
48			轨道交通用户一路外电源跳闸将导致另一路外电源保护动作	一般事故隐患
49			轨道交通用户一路外电源跳闸将导致另一路外电源电缆过温	一般事故隐患
50			特级或一级重要客户外电源存在四星及以上运行隐患	一般事故隐患
51			二级重要客户外电源存在五星及以上运行隐患	一般事故隐患
52			10kV 二级重要用户双路电源来自上级同一（220、110kV）变压器（线路），变压器（线路）故障，该重要用户电网侧电源全停	一般事故隐患
53	调控运行	调控运行	在安排存在较大风险的电网检修、临时、过渡等特殊运行方式时，未制定有效的控制措施和相应的事故预案，未向相关运行单位发布电网安全预警信息	一般事故隐患
54			未制定稳控装置策略整定管理规定和流程，或稳控装置、策略更新后，执行不及时，调度员未掌握何时执行、是否已经执行等情况	一般事故隐患
55			电网基建、技改和大修后，未能及时更新电网接线图、厂站接线图和电网参数、设备参数，调度员容易以此为依据给出错误指令	一般事故隐患
56	调度计划	负荷预测	月平均母线负荷预测准确率小于 90%、月平均母线负荷预测合格率小于 80%，预测不准确导致停电计划执行后相关运行设备过载	安全事件隐患
57		停电计划	日停电计划安排不合理，未考虑上下级电网停电计划工作配合	一般事故隐患
58			临时停电计划未严格执行审核流程、安全分析不到位、风险管控未发布造成电网运行风险	一般事故隐患

序号	一级分类	二级分类	标准描述	分级
59	调度计划	停电计划	遇到极端天气、临时政治保电任务未及时调整停电计划，造成电网运行风险	一般事故隐患
60	继电保护	继电保护定值管理	当灵敏性与选择性难以兼顾时，相关处理方案没有履行备案和报送手续	一般事故隐患
61			未制定管理规定	一般事故隐患
62			每年未全面核对定值，或定值有错误	一般事故隐患
63			定值通知单的签发、审核和批准不符合规定	一般事故隐患
64			未执行定值通知单制度，未能及时执行和反馈	一般事故隐患
65			整定计算参数管理，继电保护图纸、装置说明书、设备参数、综合电抗等资料不齐全	一般事故隐患
66			未执行分界点定值管理制度	一般事故隐患
67			按规程要求需要实测的参数，未采用实测值	一般事故隐患
68			无年度整定方案，整定方案文件不完整、不规范，审批手续不符合要求，重要设备变更及运行方式较大变化时未及时修订整定方案	一般事故隐患
69			发电厂继电保护整定计算，未校核与系统保护的配合关系	一般事故隐患
70			未依据《北京电网无压跳、自投（互投）整定原则》（京电调〔2009〕44号）进行整定，变电站、开闭站（配电室）无压掉时间定值不满足上下级配合要求	一般事故隐患

序号	一级分类	二级分类	标准描述	分级
71	继电保护	继电保护定值管理	年度或系统运行方式发生较大变化时，未及时编制等值电抗；系统等值电抗发生较大变化（或系统运行方式发生变化）时，未及时校核相关保护定值	一般事故隐患
72			定值单未执行校核、审批制度；定值单未及时执行并归档；已作废定值单没有明晰作废标识	一般事故隐患
73	调度自动化	调度自动化主站	自动化机房火灾报警和消防设备未配置或功能失效，造成机房火灾报警不及时或灭火不及时	安全事件隐患
74			自动化机房空调冷凝水处理、窗户防暴雨密封性不完备，导致影响机房电源及设备安全	安全事件隐患
75			自动化机房接地电阻不满足小于 0.5Ω 的要求，造成雷击损坏自动化设备、接地环网断接或接头松动	安全事件隐患
76			调度自动化主站系统未采用专用的、冗余配置的不间断电源装置（UPS）供电，与信息系统、通信系统合用电源	安全事件隐患
77			UPS 未采用来自两个不同进线电源供电，UPS 交流电源不能切换，导致自动化系统停电	安全事件隐患
78			UPS 电源负荷超过 40%，导致交流电源停电后 UPS 不能保证供电时间	安全事件隐患
79			自动化系统主要服务器硬盘剩余容量超出 70%、自动化系统数据丢失或系统部分功能运行不正常	安全事件隐患

136

序号	一级分类	二级分类	标准描述	分级
80	调度自动化	调度自动化主站	调度自动化系统的主站服务器、交换机、前置机等主要设备不满足冗余配置要求，不能正常切换，或双机系统中发生单机故障8h内未处理	安全事件隐患
81			自动化信息未按双通道配置、双通道不能正常切换	安全事件隐患
82			备调技术支持系统建设未充分考虑"调控一体化"的要求	安全事件隐患
83			调度自动化实时重要数据错误（或关键数据不准确），导致调度人员不能准确掌握电网运行工况，可能引起调度误操作	安全事件隐患
84			实时监视功能不能实现潮流越限、频率越限告警，不具有故障和事故前后的系统频率、电压、潮流和开关动作等变化过程的完整记录	安全事件隐患
85			不具备频率监视、电压无功自动控制（AVC）功能，不能对全网及分区低频低压减载、限电序位负荷容量的在线监测	安全事件隐患
86			不具备状态估计应用软件功能，未通过实用化验收	安全事件隐患
87			不具备调度员潮流应用软件功能，未通过实用化验收。调度员潮流应用软件不能正常使用	安全事件隐患
88			不具有系统负荷预测等功能	安全事件隐患
89			不具备调度员培训模拟系统（DTS）功能并可应用。调度员培训模拟系统未与EMS互联，调度管辖范围内模型不完整	安全事件隐患
90			未实现关口计量点、电能考核点和非统调电厂的电能量数据的自动采集、存储、处理和上网电量、受电量、供电量自动统计计算，并实现线损、母线平衡及站内平衡自动计算	安全事件隐患

序号	一级分类	二级分类	标准描述	分级
91	调度自动化	调度自动化主站	主站系统采集的远动数据不满足调度运行管理的需要。主要指调度范围内各发电厂和变电站的母线电压、小电厂信息、线路潮流及变压器支路潮流（温度、挡位）、断路器刀闸状态、电网频率、负荷等信息。对于调度间联网的单位，未采集互联相邻电网重要信息（如调度间联络线潮流等值参数等信息）	安全事件隐患
92			自动化系统的应用功能（遥控操作、AVC 等）对人工操作没有完善的提示、告警、闭锁等安全功能	安全事件隐患
93			不具备关于异常、事故报警信息的处理措施。电网远动数据的越限、变位等异常、故障信息不能在任一台工作站上正确提示（显示）并有事件记录	安全事件隐患
94			系统采集数据应与现场不一致，数据准确率不符合规程要求。系统响应速度：85% 的画面调阅响应时间≤ 2s，直收厂站遥信变位至主站时间≤ 3s，重要遥测量更新时间≤ 4s。转发厂站遥信变位至主站时间＜ 5s，现场遥测变化至主站时间≤ 6s（可参照各网省运行考核指标）	安全事件隐患
95			调度自动化系统运行管理规程、机房安全管理制度、系统运行维护制度、运行与维护岗位职责和工作标准等管理规定和制度不完善	安全事件隐患
96			调度自动化主站系统发生双主服务器全停；无系统故障统计分析报告并未提出相应解决措施；调度自动化系统运行无完善的系统运行日志	安全事件隐患
97			未定期（月度、年度）开展自动化设备状态评价	安全事件隐患

序号	一级分类	二级分类	标准描述	分级
98	调度自动化	调度自动化主站	无调度自动化系统运行设备检修与消缺管理制度，无设备检修与消缺记录	安全事件隐患
99			主站系统设备配套的图纸资料与实际运行设备不相符并未建立规范的图纸资料档案	安全事件隐患
100			调度自动化主站系统主要运行设备无必要的备品备件并未建立规范的备品备件清册和档案。备品备件未定期检测并做好相应的记录	安全事件隐患
101			对于调度范围内发电厂、变电站远动、自动化设备（RTU、厂站监控系统、电能量终端、时钟同步设备等）等运行中故障，主站没有监视和异常报警手段以及相应的处理措施	安全事件隐患
102			自动化系统及设备无完善的应急处置预案或未定期演练，系统和数据未按照规定定期进行备份	安全事件隐患
103		调度数据网	调控一体化管辖的厂站调度数据网设备未按照双平面网络、双设备配置	安全事件隐患
104			调度数据网路由器、交换机等设备未实现冗余配置要求或冗余板卡故障损坏	安全事件隐患
105			调度数据网路由器、交换机等设备未使用不间断电源（UPS）或由站内直流电源供电	安全事件隐患
106			调度数据网核心、骨干层设备没有进行数据备份	安全事件隐患
107			调度数据网设备出保修期，且运行单位无备品备件	安全事件隐患

序号	一级分类	二级分类	标准描述	分级
108		调度数据网	调度数据网络未覆盖调度管辖范围内 35kV 及以上变电站	安全事件隐患
109			调度范围内的发电厂及重要变电站（指 35kV 及以上变电站）的自动化设备至调度主站不具有两路不同路由的通信通道（主、备双通道）；两路不同路由的通信设备和通信线路未完全独立	安全事件隐患
110			未采用专用拨号加密认证装置进行远程维护	安全事件隐患
111	调度自动化	二次系统信息安全	电网自动化系统未实现安全分区；电网自动化系统生产控制大区与管理信息大区未实现横向隔离；电网自动化系统生产控制大区控制区纵向网络通信未实现纵向认证	安全事件隐患
112			生产调度区、自动化机房等重点区域未配备门禁、防盗门窗、监视探头等监控设施或门禁、探头等功能失效	安全事件隐患
113			安全四级系统主要设备不满足电磁屏蔽的要求	安全事件隐患
114			生产调度区、自动化机房等重点区域使用外来移动存储介质	安全事件隐患
115			未落实《全国电力二次系统安全防护总体方案》中安全管理要求，未建立电力二次系统安全管理制度，未设置电力二次系统安全防护组织机构，未配备专职人员并开展保密教育，未规范设备和应用系统的接入管理，未建立并完善电力二次系统安全应急预案，物理层面未对设备采取访问控制管理，未进行二次安防设备定期维护管理	安全事件隐患
116			自动化系统网络设备安全策略及各类网络安全设备没有定期进行检查或未按要求配置策略，造成设备失效	安全事件隐患

序号	一级分类	二级分类	标准描述	分级
117	调度自动化	二次系统信息安全	调度自动化系统、变电自动化系统、配电自动化系统及其他二次系统中有关管理员、操作员、维护员的遥控权限配置、密码设置、用户管理等不满足公司有关规定	安全事件隐患
118			未定期开展二次系统安全防护评估或等保测评，检查问题未及时整改	安全事件隐患

第二节　典型案例

一、系统运行

[6-1] 客户电源——重要客户电源来自同一变电站

编号：6-1	隐患分类：电网	隐患子分类：系统运行	隐患级别：一般事故隐患
隐患问题：重要客户电源来自同一变电站			

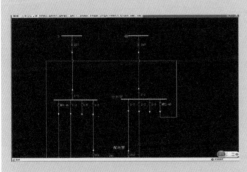

重要客户单一电源

隐患描述及其后果分析：

重要客户电源来自同一变电站，若该变电站全停将造成临时性重要客户电网侧供电全部中断。《国家电网公司安全事故调查规程》第 2.2.7.8 条规定，地市级以上地方人民政府有关部门确定的临时性重要电力用户电网侧供电全部中断，造成七级电网事件

隐患排查标准要求：

《安全生产隐患管控治理措施标准》（京电安〔2015〕25 号）规定，重要客户单电源，造成一般事故隐患

隐患管控治理措施：

（1）运维方面：故障发生时运行人员迅速配合调度开展电网设备的检查与倒方式工作。

（2）调度方面：①变电站发生全停事故后，积极配合区调开展变电站的恢复送电工作。②变电站电源短时无法恢复时，及时实施母线反带措施，尽快恢复临时性重要用户的供电。

（3）应急方面：及时对临时性重要客户实施发电车接入，恢复重要客户的供电

[6-2] 线路负荷——10kV 夏季线路负荷重载

编号：6-2	隐患分类：电网	隐患子分类：系统运行	隐患级别：一般事故隐患

隐患问题：10kV 夏季线路负荷重载

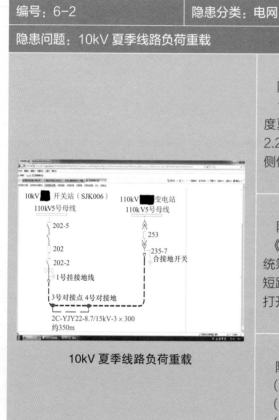

10kV 夏季线路负荷重载

隐患描述及其后果分析：

10kV 配电线路长、负荷重，有部分电缆直埋，影响电缆的带负荷能力，随着度夏的到来，有可能造成重要用户停电。《国家电网公司安全事故调查规程》第 2.2.7.8 条规定，地市级以上地方政府有关部门确定的临时性重要电力用户电网侧供电全部中断，构成七级电网事件

隐患排查标准要求：

《国家电网公司十八项电网重大反事故措施》第 2.2.1 条规定，电网规划设计应统筹考虑、合理布局，各电压等级电网协调发展。对于造成电网稳定水平降低、短路电流超过开关遮断容量、潮流分布不合理、网损搞得电磁环网，应考虑尽快打开运行，未满足此项规定，构成一般事故隐患

隐患管控治理措施：

（1）线路运维人员做好线路的定期巡视工作。

（2）调控运行人员通知线路重载时，及时开展测温与巡视工作。

（3）调控运行人员加强杨庄二路设备运行监视，负载达到 80% 时及时通知线路运维人员进行线路巡视与测温

[6–3] 线路负荷——调度自动化系统 110kV 变电站断路器 A 相电流曲线显示不正常

编号：6-3	隐患分类：电网类	隐患子分类：系统运行	隐患级别：安全事件隐患

隐患问题：调度自动化系统 110kV 变电站断路器 A 相电流曲线显示不正常

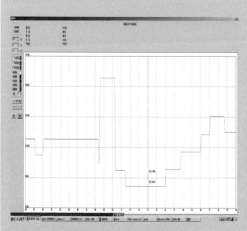

**调度自动化系统 110kV 变电站断路器
A 相电流曲线显示不正常**

隐患描述及其后果分析：

调度自动化系统 110kV 变电站 211 断路器 A 相电流曲线显示不正常，造成调控人员监控不到位，可能因此给出错误指令，继而引发电网故障造成经济损失。《国家电网公司安全事故调查规程》第 2.3.7.1 条规定，造成 10 万元以上 20 万元以下直接经济损失者，构成七级设备事件

隐患排查标准要求：

《安全生产隐患管控治理措施标准》（京电安〔2015〕25 号）规定，调度自动化实时重要数据错误（或关键数据不准确），导致调度人员不能准确掌握电网运行工况，可能引起调度误操作，构成安全事件隐患

隐患管控治理措施：

（1）调度下令前做好"四核对"，严格保证调度指令正确，并严格执行与现场和自动化系统进行核对，做好监视、监护工作；

（2）运行监视人员加强各项运行数据的监控、巡视工作，发现问题及时整改；

（3）安排专人负责站内变电自动化系统修复工作；

（4）运维人员熟练掌握对端替代、人工置数等措施，避免缺陷影响

二、调度自动化

[6-4] 电源配置——自动化系统 DS15 服务器、工作站及部分交换机为单电源配置

编号：6-4	隐患分类：电网类	隐患子分类：调度自动化	隐患级别：安全事件隐患
隐患问题：自动化系统 DS15 服务器、工作站及部分交换机为单电源配置			

交换机为单电源配置

隐患描述及其后果分析：

自动化系统 DS15 服务器、工作站及部分交换机为单电源配置，如果一路电源故障，可能造成服务器宕机，交换机停运，继而影响整个系统安全稳定运行。《国家电网公司安全事故调查规程》第 2.3.8.6（3）条规定，地市级以上电力调度控制中心站调度台全停，或调度交换网接中心单台调度交换机故障全停，且时间超过 30min，构成八级安全事件隐患

隐患排查标准要求：

《安全生产隐患管控治理措施标准》（京电安〔2015〕25 号）规定，调度自动化主站系统未采用专用的、冗余配置的不间断电源装置（UPS）供电，与信息系统、通信系统合用电源，构成安全事件隐患

隐患管控治理措施：

（1）自动化运维人员安排好隐患设备的备品备件配备；

（2）对单电源节点增加 STS 装置，确保设备满足冗余配置要求；

（3）自动化运维人员每季度进行自动化系统冗余切换试验和对自动化系统硬件设备的实时监控，发现异常，列入严重缺陷，通知专责人组织缺陷处理；

（4）安排值班和专责人员加强巡视，监视设备运行，有异常及时处理、上报；

（5）运维人员熟悉、掌握 UPS 电源故障应急处置预案并演练

[6-5] 电源配置——变电站调度数据网所内单电源供电

编号：6-5	隐患分类：电网类	隐患子分类：调度自动化	隐患级别：安全事件隐患

隐患问题：变电站调度数据网所内单电源供电

变电站调度数据网所内单电源供电

隐患描述及其后果分析：

变电站调度数据网所内单电源供电，如果该单电源故障，会造成调度数据网瘫痪，对变电站安全运行存在一定的隐患。《国家电网公司安全事故调查规程》第2.2.7.8 条规定，地市级以上地方人民政府有关部门确定的临时性重要电力用户电网侧全部中断，构成七级电网事件

隐患排查标准要求：

《国家电网公司十八项电网重大反事故措施》第 16.3.1 条规定，在双电源配置的站点，具备双电源接入功能的通信设备应由两套电源独立供电。禁止两套电源负载侧形成并联，同时《安全生产隐患管控治理措施标准》（京电安〔2015〕25 号）规定，调度自动化主站系统未采用专用的、冗余配置的不间断电源装置（UPS）供电，与信息系统、通信系统合用电源，构成安全事件隐患

隐患管控治理措施：

（1）该隐患治理前，加强主站巡视工作，每天查看变电站站与主站之间的通道是否工作正常，在厂站端严格限制人员接触自动化装置；

（2）运维人员应编制该隐患设备可能造成事故的应急处置预案并演练；

（3）及时协调、准备隐患设备处缺所需备品备件；

（4）安排检修人员进行施工准备，将单电源供电改为 UPS 双电源供电

[6-6] 电池超期——调度自动化系统 UPS 蓄电池运行年限长，不满足后备时间要求

编号：6-6	隐患分类：电网类	隐患子分类：调度自动化	隐患级别：安全事件隐患

隐患问题：调度自动化系统 UPS 蓄电池运行年限长，不满足后备时间要求

调度自动化系统 UPS 蓄电池运行
年限长，不满足后备时间要求

隐患描述及其后果分析：

调度自动化包含 2 套 UPS 电源系统，一套为市调备用 UPS 电源系统，另外一套为地调 UPS 电源系统；其中，地调为梅兰日兰 30kVA 单机运行，一组汤浅 NP65-12 65AH 电池；备调为梅兰日兰 60kVA 双机并联运行，每台 4 组汤浅 NP100-12 100AH 电池并联，每组 33 只；三台 UPS 蓄电池 2009 年投运，运行已超 8 年，充放电容量不足 80%，无法有效地为负载设备保护供电；三台 UPS 冷却风扇已不间断运转 6 万多小时，接近使用寿命，因不间断电源系统故障，可造成电力调度控制中心与直接调度范围内变电站的调度电话业务、调度数据网业务及实时专线通信业务全部中断。《国家电网公司安全事故调查规程》第 2.3.6.7（1）条规定，地市供电公司及单位本部通信站通信业务全部中断，构成六级设备事件

隐患排查标准要求：

《安全生产隐患管控治理措施标准》（京电安〔2015〕25 号）规定，蓄电池组容量不足，构成安全事件隐患

隐患管控治理措施：

（1）隐患未治理前安排值班和专责人员对隐患设备进行特巡，并结合巡视开展状态监测，有异常及时上报；

（2）运维人员熟悉、掌握 UPS 电源故障应急处置预案，安排 1 次电源故障应急处置演练；

（3）通过值班报警系统对 UPS 运行进行实时监视；

（4）利用检修技改项目及资金，安排电源系统整治工程；

（5）自动化运维人员安排好隐患设备的备品备件配备

[6-7] 系统稳定性——调度自动化系统数据库服务器二退出

编号：6-7	隐患分类：电网类	隐患子分类：调度自动化	隐患级别：安全事件隐患

隐患问题：调度自动化系统数据库服务器二退出

调度自动化系统数据库
服务器二退出

隐患描述及其后果分析：

调度自动化系统数据库服务器二退出，可能影响调度员事故处理。《国家电网公司安全事故调查规程》第 2.3.6.8 条规定，地市电力调度控制中心调度自动化系统 SCADA 功能全部丧失 8h 以上，或延误送电、影响事故处理，构成六级设备事件

隐患排查标准要求：

《安全生产隐患管控治理措施标准》（京电安〔2015〕25 号）规定，调度自动化系统的主站服务器、交换机、前置机等主要设备不满足冗余配置要求，不能正常切换，或双机系统中发生单机故障 8h 内未处理，构成安全事件隐患

隐患管控治理措施：

（1）认真执行日常巡视制度，将调度自动化系统进程中断信息、硬件故障信息等运行状况加入自动化值班报警系统，并实时通知责任人处理，发现缺陷及时处理；

（2）制定主调度自动化系统黑启动应急预案，并加以演练；

（3）自动化运维人员每季度进行自动化系统冗余切换试验和对自动化系统硬件设备的实时监视，发现异常，通知专责人组织缺陷处理；

（4）隐患彻底解决前，由自动化值班员和运维人员加强系统设备运行监视；

（5）自动化运维人员安排好隐患设备的备品备件配备

三、继电保护

[6-8] 保护超期——10kV 开关站保护校验超期

编号：6-8	隐患分类：电网类	隐患子分类：继电保护	隐患级别：安全事件隐患
隐患问题：10kV 开关站保护校验超期			

<table>
<tr>
<td rowspan="4">
10kV 开关站保护校验超期</td>
<td>隐患描述及其后果分析：
　　10kV 开关站保护校验超期，存在拒动的可能，如果线路发生故障时保护装置拒绝动作，将扩大停电范围，造成上级 110kV 变电站停电，影响电网安全运行。《国家电网公司安全事故调查规程》第 2.2.7.1 条规定，35kV 以上事变点设备异常运行或被停止运行，并造成减供负荷者，可能造成七级电网事件</td>
</tr>
<tr>
<td>隐患排查标准要求：
　　《国家电网公司十八项电网重大反事故措施》第 15.4.2 条规定，加强继电保护装置和安全自定装置运行维护工作，配置足够的备品备件，缩短缺陷处理时间；装置检验应保质保量，严禁超期和漏项，应特别加强对新投产设备的首年全面校验，提高设备健康水平，未满足此项规定，构成安全事件隐患</td>
</tr>
<tr>
<td>隐患管控治理措施：
（1）运检部运维人员加强设备巡视，重点对超期的继电保护装置电源、信号等开展巡视；
（2）做好 10kV 开闭站保护拒动事故预案，发生故障时按照预案开展工作；
（3）调控保护专责安排停电校验计划，尽早完成校验工作；
（4）加强继电保护和安全自动装置的分析和检查，发现校验超期的及时安排处理</td>
</tr>
</table>

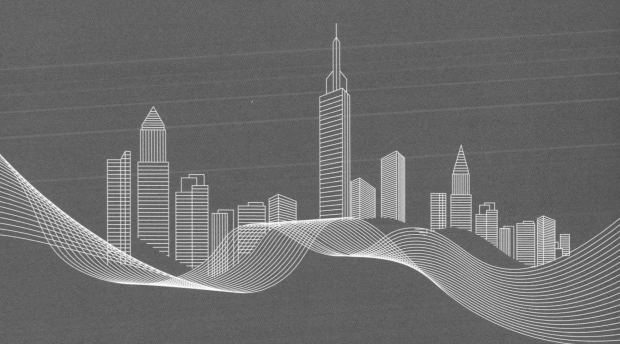

CHAPTER 7

第七章

基建专业隐患排查
治理标准及典型案例

第一节　基建专业隐患排查治理标准

基建专业隐患排查治理标准

序号	一级分类	二级分类	标准描述	分级
1	公共部分	项目部驻地建设	施工现场临时建筑物搭设、拆除作业无作业票，无监护人，易造成高摔	一般事故隐患
2		施工用电布设	未在专用电杆上架设低压架空线路、截面不满足要求、架设高度不足	一般事故隐患
3			敷设直埋电缆未采用三相五线制、电缆直埋深度不足、直埋电缆接头未安装满足要求的接头盒、架空电缆施工不规范	一般事故隐患
4			配电箱及开关箱安装未设三级配电两级保护、总分配电箱设置距离过长、移动式配电箱（开关箱）的进出线有接头、漏电保安器设置不合格、配电箱未加锁	一般事故隐患
5			电气设备外壳未接零线、保护零线设置不正确、接地装置接地电阻过大、相线颜色混用	一般事故隐患
6			照明开关箱未装设隔离开关、过载保护器、漏电保护器、施工区域无照明、灯具设置不合格、特殊环境照明电压不合格、电源线装设不规范、行灯电压高于 24V、行灯变压器无防水措施、采用双重绝缘或有接地金属屏蔽层的变压器接地不规范	Ⅱ级重大事故隐患

序号	一级分类	二级分类	标准描述	分级
7	公共部分	施工用电布设	施工用电现场接火工作票填写不规范、未设专人监护、电工无职业资格、施工人员未配备劳保用品、施工用电设施未及时维护、施工电源使用完毕未及时拆除	Ⅱ级重大事故隐患
8	变电站土建施工	变电站桩基础施工	人工挖孔桩架设垂直运输系统不稳固，易造成人身伤害	一般事故隐患
9			人工挖孔桩 15m 以内开挖作业安全防护设施不到位、没有设置通风设备、没有进行有毒有害气体等，易造成中毒、人身伤害	Ⅱ级重大事故隐患
10			人工挖孔桩 15m 以上开挖作业施工方案未进行专家论证等，易造成中毒、人身伤害	Ⅰ级重大事故隐患
11			起重作业无专人指挥、作业区域无警示标志，易造成人身伤害	安全事件隐患
12			桩机作业场地不平整、高处作业无安全防护措施，易造成机械伤害及高摔	一般事故隐患
13			钻进成孔无电工监护、出渣不及时等，易造成机械伤害及触电	一般事故隐患
14			强夯作业无监护人、未设专人指挥等，易造成机械伤害	Ⅱ级重大事故隐患
15		变电站混凝土基础工程	施工机械带病使用、用电设备未接地等，易造成触电和机械伤害	一般事故隐患
16			基坑土方开挖 5m 以内未设置安全梯、施工方案落实不到位等，易造成人身伤害	一般事故隐患
17			基坑土方开挖超过 5m 或未超过 5m，但地质条件与周边环境复杂的情况未采取专家论证、未全过程监控等，易造成塌方和人身伤害	Ⅰ级重大事故隐患

序号	一级分类	二级分类	标准描述	分级
18		变电站混凝土基础工程	模板运输安全措施不到位、安装过程野蛮施工等，易造成物体打击和高摔	一般事故隐患
19			模板拆除作业无序、上下抛物等，易造成物体打击和高摔	一般事故隐患
20			钢筋加工机械安全防护措施不到位、加工作业不合规等，易造成机械伤害	一般事故隐患
21			混凝土浇筑过程作业人员安全防护措施不到位、用电器电源线防护不到位等，易造成触电和机械伤害	一般事故隐患
22	变电站土建施工	变电站主建筑物工程	机械设备带病作业、接地不规范等，易造成机械伤害和触电	一般事故隐患
23			钢筋运输、存放不规范，与其他物件混吊等，易造成机械伤害	一般事故隐患
24			模板安装与拆除作业无专项施工方案、上下抛物、作业人员安全防护措施不到位等，易造成物体打击和高摔	Ⅱ级重大事故隐患
25			高度超过 8m，跨度超过 18m 的模板支撑体系施工方案未经专家论证、未填写作业票等，易造成坍塌	Ⅰ级重大事故隐患
26			二次结构砌筑材料码放超高、高处作业安全防护措施不到位等，易造成高摔	一般事故隐患
27			屋面作业安全防护措施不到位，动火作业无动火票、消防器材等，易造成火灾和高摔	一般事故隐患
28			室内高处作业安全防护措施不到位、上下抛物等，易造成高摔	一般事故隐患

序号	一级分类	二级分类	标准描述	分级
29		变电站防火墙施工	作业准备工作不到位、未进行安全技术交底、材料码放不合规等	安全事件隐患
30			钢筋及模板安装未按方案执行、模板支撑体系不牢固、野蛮作业等	一般事故隐患
31			混凝土浇筑过程作业人员安全防护措施不到位、无专人指挥、用电器电源线防护不到位等，易造成高摔和触电	一般事故隐患
32	变电站土建施工	变电站构支架安装工程	起重吊装作业无方案、管理人员配备不齐、机械设备工器具不满足要求等，易造成起重伤害	安全事件隐患
33			起重吊装作业无监护人、十不吊未落实到位等，易造成起重伤害	一般事故隐患
34			两台及以上起重设备同时抬吊同一重物未编制专项方案、现场无专人指挥等易造成起重伤害	Ⅱ级重大事故隐患
35			起重重量达到起重设备额定负荷的95%无专项施工方案、现场无监护人等，易造成起重伤害	Ⅰ级重大事故隐患
36			起重设备临近带电体作业无专项方案、不满足安规要求等，易造成触电和起重伤害	Ⅱ级重大事故隐患
37			A型构架吊装无专项方案、吊装设备选择不合理等，易造成起重伤害	Ⅱ级重大事故隐患
38		变电站接地网工程	开挖接地网沟人员未经安全技术交底、机械设备未经检验、地下管线情况不清等	一般事故隐患
39			接地扁铁搬运过程与带电体过近、焊接过程中造成有害气体与粉尘、作业过程安全防护不到位等，易造成触电	一般事故隐患

序号	一级分类	二级分类	标准描述	分级
40	变电站土建施工	变电站站区道路及围墙工程	作业准备工作不到位、未进行安全技术交底、材料码放不合规等	安全事件隐患
41			深度超过5m（含5m）或未超过5m，但地质条件与周边环境复杂的基槽土方作业方案未经专家论证、未全面交底、土方堆放距槽边过近等，易造成塌方和高摔	Ⅱ级重大事故隐患
42			开挖深度在3m到5m（含3m）之间的基坑挖土未编制施工方案、未交底、弃土距槽边较近等，易造成高摔和塌方	Ⅱ级重大事故隐患
43			土石方爆破无专家论证方案、未经全面交底、特种作业人员无证上岗等，易造成塌方等人身伤害	Ⅰ级重大事故隐患
44			路基和路面施工机械操作人员无证上岗、用电设备老化等，易造成机械伤害	一般事故隐患
45			毛石基础砌筑材料不合格、野蛮作业等，易造成物体打击和高摔	一般事故隐患
46			墙体砌筑材料堆放高度过高、作业平台堆物过重、高处作业无防护等，易造成高摔	一般事故隐患
47		变电站消防工程	消防管道管网土方施工未按设计要求放坡、复杂地形无专人监护等易造成物体打击	一般事故隐患
48			消防管材加工无安全防护措施或措施不到位等，易造成机械伤害	一般事故隐患
49			消防设备、管材安装作业平台不牢固、无专人监护管道未接地等易造成高摔和物体打击	一般事故隐患
50			消防管压力试验接地不牢靠、试验区工作交叉等，易造成机械伤害	安全事件隐患

序号	一级分类	二级分类	标准描述	分级
51	变电站土建施工	变电站消防工程	消防系统的联合调试前未做好各项检查、安全防护措施不到位、人员与带电设备距离较近等，易造成触电和高摔	一般事故隐患
52		地下变电站土建施工	地下维护结构施工无专项方案、无施工作业票、起重作业未按十不吊要求执行等，易造成塌方	Ⅰ级重大事故隐患
53			维护结构施工无方案、模板支撑不牢等，易造成物体打击	一般事故隐患
54			土方开挖无专项方案、开挖作业无专人指挥、安全防护措施不到位等，易造成塌方	Ⅰ级重大事故隐患
55			基坑排水设施不完善、无施工方案及应急预案、工艺工序不符合要求等，易造成塌方	Ⅱ级重大事故隐患
56			基坑、重要建筑物、地下管线等沉降观测不到位	一般事故隐患
57			基坑垂直作业无专项方案、工作票，作业场所无防砸棚等，易造成物体打击	Ⅱ级重大事故隐患
58			地下结构模板支撑体系无专项方案、施工工艺不符合规范要求等，易造成物体打击	Ⅰ级重大事故隐患
59			地下站钢支撑拆除无专项方案、临电使用不规范、动火作业、无专人监护等，易造成火灾和触电	Ⅱ级重大事故隐患
60		钢管脚手架施工	脚手架搭设作业前未进行交底、搭设场地存在坑洞积水、特殊工种无作业证等易造城高摔	安全事件隐患
61			脚手架架体钢管、构件等原材料使用不规范，易造成物体打击	一般事故隐患

序号	一级分类	二级分类	标准描述	分级
62	变电站土建施工	钢管脚手架施工	普通钢管脚手架搭设（高度不超过 24m）不规范、作业人员安全防护措施不到位等落地脚手架搭设（高度超过 24m）无方案、悬挑脚手架超过 20m，未组织专家论证、控制措施不到位等，易造成坍塌	Ⅱ级重大事故隐患
63			脚手架拆除作业无专项方案、无专人监护、拆除顺序及措施不到位等，易造成坍塌和高处坠落	Ⅱ级重大事故隐患
64	变电站电气工程	变电站一次设备安装	钟罩吊装无专项施工方案，不严格按照具体工作情况配置、考量、计算起重机械、吊绳等施工设备、工器具的参数，无技术交底、不明确危险点、无安全防范措施，将导致施工过程发生机械伤害、物体打击、高处坠落、火灾、中毒的概率大增	一般事故隐患
65			主变压器运输就位，现场孔洞无有效遮盖，易造成高摔；指挥混乱、主变压器稳装过程不平稳牢靠，易造成重大机械伤害	Ⅱ级重大事故隐患
66			储油罐无接地、密封不严、近易燃物或明火、不装配相应消防器材、输油管路连接不牢固可靠，是引起火灾的主要隐患	一般事故隐患
67			吊罩过程指挥混乱、吊运动作过快过猛、起吊系统受力不均、稳固吊装路径不设溜绳和监视人员，可导致机械伤害。梯子不固定、人员无防滑鞋，易从高处坠落	Ⅱ级重大事故隐患
68			变压器内部检查氧气不足可导致人员中毒、窒息。使用无绝缘电源线可导致触电	一般事故隐患
69			起重机指挥人员位置不明显，易造成机械伤害。高处作业无牢固、可靠安全带及挂点，可造成高处坠落	一般事故隐患

序号	一级分类	二级分类	标准描述	分级
70	变电站电气工程	变电站一次设备安装	安装套管人员无牢固、可靠安全带及挂点、油污未清理，可造成高处坠落。吊车指挥人员位置不明显，易造成机械伤害	Ⅱ级重大事故隐患
71			变压器本体无可靠接地，油处理区无消防设备滤油系统近明火，为主要火灾隐患	安全事件隐患
72			滤油机及管路无保护接地，保护接零、接地电阻过大（大于4Ω）接地点单一、滤油机无专人操作、维护，油处理区无消防设备滤油系统近明火，为主要火灾隐患	一般事故隐患
73			安全围栏装设在不平稳、可靠的位置，易发生物体打击。安全围栏与带电设备不能保持安全距离、无可靠接地可导致触电、火灾情况的发生	一般事故隐患
74			高处焊接无安全带导致高处坠落、机械伤害；焊接地点无可靠接地导致触电、火灾	一般事故隐患
75			坡口加工无相关安全防护用品（工作服、防护镜、手套等）将导致机械伤害或其他伤害；移动电源无合格漏电保安器导致触电	一般事故隐患
76			焊接工作无防护镜、胶皮手套、防护服、胶鞋和口罩，在焊点未冷却时接触其表面，易导致灼伤；焊接作业无可靠接地导致触电；在焊点未冷却时接触其表面、从管形母线下架时相互无配合将引起其他伤害	一般事故隐患
77			吊装管形母线过程不平稳、指挥吊车过程混乱、采用的吊点单一会导致机械伤害；攀爬悬垂绝缘子串、隔离开关静触头安装无升降车，导致高处坠落	Ⅱ级重大事故隐患

序号	一级分类	二级分类	标准描述	分级
78	变电站电气工程	变电站一次设备安装	管型母线吊装无专人指挥、指挥过程混乱、配合吊运动作不统一、吊车操作人员精神不集中，易导致机械伤害。在横梁上的作业人员无可靠的安全带、水平安全绳保护作业，易导致高处坠落	Ⅱ级重大事故隐患
79			在横梁上的测量人员无可靠的安全带、水平安全绳保护作业，配合拉尺人员用力过猛，易导致高处坠落或其他伤害	一般事故隐患
80			放线指挥信号不清、线盘架设不平稳，易导致物体打击。不使用专用工具切割导线、切割过程精力不集中、剥铝股及穿耐张线夹时配合不当，容易引发其他伤害	安全事件隐患
81			未检测压接机是否正常动作、压接机上口模具位置偏移、压钳盖松动，导致机械伤害。电动压钳外壳无接地导致触电	一般事故隐患
82			在恶劣天气状况下高处作业、高处作业无安全带保护，导致高处坠落。挂线时母线下、钢丝绳内侧有人通过、停留，导致机械伤害	一般事故隐患
83			跳线测量人员不借用任何物件只身骑瓶测量导致高处坠落。高处作业人员及配合人员传递工器具上下抛掷，导致物体打击	一般事故隐患
84			测量人员攀爬设备绝缘子导致高处坠落	一般事故隐患
85			主变压器等设备吊装过程未听从统一指挥、人员在吊件和吊车臂活动范围内活动、起吊后调整绑扎绳导致机械伤害。断路器开箱配合不当，导致其他伤害	Ⅰ级重大事故隐患

序号	一级分类	二级分类	标准描述	分级
86	变电站电气工程	变电站一次设备安装	单柱式断路器本体安装时未设控制绳、临时支撑不牢固导致机械伤害。作业人员不使用橡胶手套、防护镜及防毒口罩等防护用品导致中毒。作业人员站在吊件和起重机吊臂活动范围内的下方以致受到高处坠落伤害。摘除灭弧室吊绳不用升降车摘钩导致其他伤害	I 级重大事故隐患
87			作业人员站在吊件及起重机吊臂活动范围内的下方导致机械伤害。抛掷控制绳、吊绳导致落物打击	一般事故隐患
88			作业人员站在充气口的正面或下风口开控制阀、SF_6 气瓶的安全帽、防振圈不齐全导致气体泄漏中毒	一般事故隐患
89			吊件和起重机吊臂活动范围内的下方有人员停留、移动，导致机械伤害。作业人员搭设平台未安装护栏或支撑点不坚固、安全带未系在护栏上导致高处坠落。解除隔离开关捆绑螺栓时作业人员在主刀闸的正面、手扶导电杆将导致其他伤害	一般事故隐患
90			安装垂直设置的隔离开关静触头未使用升降车或升降平台，将导致高处坠落。高处作业人员使用的工具及材料无防坠绳导致物体打击	一般事故隐患
91			安装机构箱配合不当、未使用专用工器具安装，导致物体打击及其他伤害	安全事件隐患
92			高处调整未使用登高车、攀爬绝缘子、高处作业未系安全带，导致高处坠落。抛掷传递工器具，导致物体打击。手拿工具或材料攀登隔离开关支架导致其他伤害	一般事故隐患

序号	一级分类	二级分类	标准描述	分级
93	变电站电气工程	变电站一次设备安装	装卸过程中作业人员在吊件和起重机吊臂活动范围内的下方停留和通过导致机械伤害。搬运时人员与设备混乘、设备放置不稳定牢靠，易导致其他伤害	一般事故隐患
94			指挥起重机人员视野不佳、发出的手势、信号不及时、作业人员在吊件和起重机吊臂活动范围内的下方停留和通过，导致机械伤害。吊点不正确导致物体打击。使用不合格的吊具导致其他伤害	一般事故隐患
95			装卸过程中作业人员在吊件和起重机吊臂活动范围内的下方停留和通过导致机械伤害。吊索绑扎不牢固、吊装无溜绳控制吊件、吊点不正规，导致物体打击。搬运时人员与设备混乘、设备放置不稳定、牢靠，用手指触摸校对螺栓孔，螺钉未紧固时拆除吊索，导致其他伤害	Ⅱ级重大事故隐患
96			攀爬耦合电容器、避雷器导致其他伤害	一般事故隐患
97			设备重量超出起重机允许起重范围，导致机械伤害不使用专用吊点导致高处坠落。吊件未吊至预定位置时将其强行拖拽，导致物体打击	一般事故隐患
98			吊运范围内有人员移动或停留，导致机械伤害。高处未使用专用挂梯、攀爬绝缘子串导致高处坠落。手拿工具或材料攀登构架、工具未设防坠绳，导致物体打击	一般事故隐患
99			吊运范围内有人员移动或停留，导致机械伤害。攀爬支持绝缘子作业，导致高处坠落。螺钉未紧固时拆除吊索，导致物体打击	一般事故隐患

序号	一级分类	二级分类	标准描述	分级
100	变电站电气工程	变电站一次设备安装	高处焊接作业人员未配备防滑梯、安全带等安全工器具导致高处坠落。吊件、吊臂移动半径内有人员移动或停留，导致机械伤害。焊接使用电源线未设接地线，导致触电。焊接工棚内无消防器材导致火灾。未按规定使用工器具，导致其他伤害	一般事故隐患
101			焊接人员无安全防护措施，导致灼伤。焊接设备电源无漏电保护，导致触电。抛掷传递工器具，导致物体打击。高处作业无安全带保护，导致高处坠落。设备包装拆除时配合不当、未及时清理包装板，导致其他伤害	一般事故隐患
102			抛掷传递工器具、材料，导致物体打击。脚手架平台不稳固、高处作业无安全带保护，导致高处坠落	一般事故隐患
103			电动工具无漏电保护，导致触电。电动工具破损机械伤害使用电动工具无安全防护措施，导致其他伤害	一般事故隐患
104			在吊件和起重机吊臂活动范围内的下方停留和通过，导致机械伤害。站在可能坠物的母线桥下方，导致物体打击。脚手架不稳固，导致高处坠落	一般事故隐患
105			在所吊设备的前方或正面操作，导致机械伤害。未试吊，吊移范围内停留、走动，导致物体打击。孔洞未封闭，导致高处坠落	一般事故隐患
106			使用手动工具用力过猛、缺乏配合，导致其他伤害	安全事件隐患
107			GIS 充气排风不畅、无安全防护措施，导致中毒	一般事故隐患
108			高压试验设备的外壳无接地，导致触电	一般事故隐患

序号	一级分类	二级分类	标准描述	分级
109	变电站电气工程	变电站一次设备安装	起重机无平稳支撑，导致机械伤害。拆箱配合不当、野蛮作业、外包装未及时清理，导致其他伤害	一般事故隐患
110		变电站二次系统	电源线破损或无漏电保护，导致触电。孔洞未遮盖，导致高处坠落。作业面附近未配备消防器材，导致火灾。装屏柜动作生猛、配合不当，导致其他伤害	一般事故隐患
111			吊具与吊物参数不符，导致物体打击。主要机具及材料配置不到位，导致触电。消防设备不合格，导致火灾。隧道无照明、配合不当，导致其他伤害	一般事故隐患
112			装卸、吊装电缆不规范，导致磕碰伤	一般事故隐患
113			电缆敷设个人防护用品不齐全、转弯处人员未站在电缆外侧	一般事故隐患
114			机械设备与带电设备安全距离不够，导致触电、电网事故、机械伤害	II级重大事故隐患
115			安装大型设备无控制绳，导致触电、电网事故	II级重大事故隐患
116			电动工具无可靠接地，导致触电。拆解盘、柜二次电缆带电，导致火灾	II级重大事故隐患
117			接线端子带点，导致触电、电网事故	II级重大事故隐患
118			起吊区域未封闭，导致物体打击、机械伤害	II级重大事故隐患

序号	一级分类	二级分类	标准描述	分级
119	变电站电气工程	变电站二次系统	吊重物无溜绳，导致物体打击。吊运半径有人停留、通过，导致机械伤害	Ⅱ级重大事故隐患
120			真空滤油机及油槽无可靠接地，导致触电。未配置消防措施，导致火灾	一般事故隐患
121		变电站改扩建工程	改扩建工作未进行审批、未设置监护人、未进行安全技术交底、未在指定地点工作	一般事故隐患
122			土建间隔扩建施工机械开挖未保持安全距离、挖掘机操作不当	Ⅱ级重大事故隐患
123			临近带电作业特殊天气未停工、未在指定地点工作、安装较大设备未捆绑控制绳、相关工作母线未接地、升降车作业未设监护人	Ⅱ级重大事故隐患
124			室内设备安装未经允许开工、拆解盘柜二次电缆时未设监护人、加装盘顶小母线时未对相邻盘柜上小母线进行防护、室内动火无动火票、无安全防护措施	Ⅱ级重大事故隐患
125			运行盘柜上二次接线未通知监理、未按顺序接电缆、接线人员动作幅度大、接入带电屏未设监护人	Ⅱ级重大事故隐患
126			二次接入带电系统未编制专项安全技术措施、私自更换工作地点、误动其他设备、未设置监护人	Ⅱ级重大事故隐患
127		地下变电站电气设备安装施工	器身内部氧气不足 18%	Ⅱ级重大事故隐患

序号	一级分类	二级分类	标准描述	分级
128	变电站电气工程	地下变电站电气设备安装施工	指挥信号不明确、及时；无牢固的控制绳，导致物体打击。吊臂半径有人员通过或逗留，导致机械伤害	Ⅱ级重大事故隐患
129		换流站电气设备安装	本体支撑板受力不均，导致机械伤害	Ⅱ级重大事故隐患
130			滤油现场未设消防器材，导致火灾	一般事故隐患
131			电缆拐角处敷设作业人员站在电缆内侧，导致其他伤害	一般事故隐患
132			起重区域有人员通过或逗留，导致机械伤害	一般事故隐患
133			试验仪器接地未可靠接至主网，导致触电	一般事故隐患
134			吊臂移动范围过大，导致机械伤害。起重机械外皮无接地，导致触电	Ⅱ级重大事故隐患
135			传递工具、材料不使用小绳	一般事故隐患
136			换流站电气安装，操作不规范、吊装未设置监护人	一般事故隐患
137			升降平台不稳固、超载起吊导致机械伤害	一般事故隐患
138			换流站电气安装，吊装前未进行试吊	一般事故隐患
139			高处作业人员未正确使用安全带、吊臂移动半径有人员移动停留、吊运前未进行试吊	Ⅱ级重大事故隐患
140			测量引线长度不采用升降车作业、攀爬绝缘子导致高处坠落	一般事故隐患

序号	一级分类	二级分类	标准描述	分级
141	变电站电气工程	换流站电气设备安装	吊臂移动半径有人员移动、停留导致机械伤害。吊点不正确、吊运前未进行试吊、抛掷工具材料导致物体打击。高处作业人员不正确使用安全带、攀爬设备绝缘子导致高处坠落。升降车无可靠接地导致触电	Ⅱ级重大事故隐患
142			高处作业人员或与其配合人员抛掷工具，导致物体打击	一般事故隐患
143			电源线破损、移动电源无漏电保护器、试验、被试验设备无可靠接地，导致触电。高处作业无安全带、防滑梯导致高处坠落	一般事故隐患
144			断路器、隔离开关、有载调压装置等主设备远方传动试验无就地紧急操作的措施，导致触电	安全事件隐患
145			高压引线未用绝缘支架固定、高压试验设备的外壳、一次设备未屏无可靠接地导致触电	Ⅱ级重大事故隐患
146			试验结束后未放电导致触电	Ⅱ级重大事故隐患
147			高压试验设备的外壳无接地、被试高压电缆接地不可靠，试验完毕后未将电缆对地充分放电，易引发触电	Ⅱ级重大事故隐患
148		变电站电气调试试验	人员与试验带电体的带电距离不清、换流变压器高压试验前未确认清除阀厅内高压穿墙套管侧无关人员、未确认其余绕组均已可靠接地，导致触电	Ⅱ级重大事故隐患
149			试验过程使用站内运行设备的交、直流电源导致触电或电网事故	一般事故隐患

序号	一级分类	二级分类	标准描述	分级
150	变电站电气工程	变电站电气调试试验	试验过程使用站内运行设备的交、直流电源导致电网事故	一般事故隐患
151			测试回路未使用合格工具导致爆炸、电网事故。一次设备和试验设备无安全接地、高压试验设备未铺设绝缘垫、带电部位不清、由一次设备处引入的测试回路未采取防止高电压引入的措施,导致触电、设备事故,电网事故	Ⅱ级重大事故隐患
152		投产送电	对高压设备带电体的安全距离不清楚导致触电	一般事故隐患
153			保护向量测试工作人员配合不当或无人监护导致触电、电网事故	一般事故隐患
154			被修设备带电或未设接地线导致触电	一般事故隐患
155	架空线路工程	架空线路复测	树木砍伐操作不正确、未设置监护人、上树未正确使用安全带	一般事故隐患
156			行路安全措施不全	一般事故隐患
157		土石方工程	土方开挖施工环境恶劣,地形复杂时未采取安全措施	安全事件隐患
158			施工机械、工器具未进行检查、保养、维修	一般事故隐患
159			基坑开挖未采取必要的支护措施、未设置安全通道、弃土堆放不合格、施工区域围挡不合格	一般事故隐患
160			深度超过 5m(含 5m)或未超过 5m,但地质条件与周边环境复杂的深基坑开挖未采取必要的支护措施、未设置安全通道、弃土堆放不合格、施工区域围挡不合格	Ⅱ级重大事故隐患
161			深度超过 15m 深基坑开挖未采取必要的支护措施、未设置安全通道、弃土堆放不合格、施工区域围挡不合格	Ⅰ级重大事故隐患

序号	一级分类	二级分类	标准描述	分级
162	架空线路工程	土石方工程	人工挖孔桩 15m 以内开挖作业安全防护设施不到位、没有设置通风设备、没有进行有毒有害气体等，易造成中毒、人身伤害	Ⅱ级重大事故隐患
163			人工挖孔桩 15m 以上开挖作业施工方案未进行专家论证等，易造成中毒、人身伤害	Ⅰ级重大事故隐患
164			土方开挖机械未正确支垫、人员在机械作业半径内逗留、操作机械不正确	一般事故隐患
165			掏挖基础未通知监理、人员操作不规范	一般事故隐患
166			掏挖基础未设监护人、提升装置不稳定、未设置安全防护网，可能导致落物伤人	Ⅱ级重大事故隐患
167			底盘扩底未采取防塌方措施，肯能导致塌方	Ⅱ级重大事故隐患
168			人工打孔未指定专项施工方案、施工人员个人防护用品不合格	安全事件隐患
169			爆破作业未编制专项施工方案、操作人员无职业资格、哑炮未正确处理、未正确使用火雷管、爆破作业未提前通知附近居民、安全措施设置不全、爆破器材管理不规范、未正确设置监护人	Ⅰ级重大事故隐患
170			泥沙坑、流沙坑安全措施不全，可能导致塌方	Ⅱ级重大事故隐患
171			土石滚落安全措施不全，可能导致物体打击	Ⅱ级重大事故隐患

序号	一级分类	二级分类	标准描述	分级
172			井架不牢固,可能倾覆导致物体打击	一般事故隐患
173			泥浆池无防护和警示,可能导致掉入泥沙池	一般事故隐患
174			起吊安放钢筋笼指挥、操作不规范、起重机吊臂下人员走动、安全措施不全,可能导致高处坠物、物体打击	一般事故隐患
175		土石方工程	人工开挖桩孔操作不规范、围挡等安全措施不全,可能导致物体打击、高处坠落	一般事故隐患
176			桩基开挖有限空间作业安全措施不全、照明用电源未采用 12V 及以下电源、上下传递工具不正确、吊运土操作不正确、出现地下水异常未及时响应	Ⅱ级重大事故隐患
177	架空线路工程		山区施工防火措施未落实,可能发生火灾	Ⅱ级重大事故隐患
178		钢筋工程	切割焊接钢筋人员无职业资格、未配备个人防护用品、无排风措施、现场无安全防护措施、高处焊接无监护人、工作结束未检查现场易燃物,可能发生火灾	一般事故隐患
179			施工人员安全意识淡薄、未经过安全教育培训、现场布置不规范	安全事件隐患
180			施工机械、工器具不合格,可能导致机械伤害	一般事故隐患
181		基础施工	车辆运输"三超"、客货混装、车辆检查不到位	一般事故隐患
182			索道装设不牢固,操作不当	Ⅱ级重大事故隐患

序号	一级分类	二级分类	标准描述	分级
183	架空线路工程	基础施工	模板安装操作不当、模板加固操作不当	一般事故隐患
184			混凝土浇筑平台不稳固	一般事故隐患
185			基础用电设备无漏保、外壳未正确接地	一般事故隐患
186			振捣器使用操作不规范、个人防护用品不全	安全事件隐患
187		杆塔施工	施工人员安全意识不强、作业行为不规范、安全措施布置不全	安全事件隐患
188			机械、工器具不符合要求	一般事故隐患
189			人力运输作业不规范、特殊天气无防滑措施、其他安全措施不全	一般事故隐患
190			大型货物运输未编制专项施工方案、车辆运输"三超"、客货混装、车辆检查不到位	一般事故隐患
191			索道装设不牢固，人员操作不当、特殊天气未及时停工、施工机具选择不当、安全措施不全	Ⅱ级重大事故隐患
192			船舶运输未编制专项施工方案、运输前未通知监理、船舶无手续、船舶装货"三超"、特殊天气未及时停工	Ⅱ级重大事故隐患
193			动火作业防火措施不全、氧气及乙炔瓶摆放距离不足、气瓶未安装减压阀、回火器	一般事故隐患
194			起重机吊装钢管杆未正确操作、起重机械未良好接地、与带电体未保持最小安全距离	Ⅱ级重大事故隐患
195			起重机立塔施工未通知监理、吊装操作不当、指挥司索人员指挥不当、两台起重机同时吊装时配合欠佳、大风等恶劣天气未停止吊装	Ⅱ级重大事故隐患

序号	一级分类	二级分类	标准描述	分级
196			绞磨设置不合理，受力不符合要求，可能导致机械伤害	一般事故隐患
197			铁塔组立后未及时接地，可能导致雷击触电	一般事故隐患
198		杆塔施工	悬浮抱杆分解组立铁塔抱杆设置不合理造成脱落、松软土质未采取防沉措施	Ⅱ级重大事故隐患
199			作业前未通知监理、抱杆拉线装设不合格、地锚选择和填深不符合要求造成地锚拉出	Ⅱ级重大事故隐患
200			提升抱杆未设置腰环，可能导致抱杆倾倒	一般事故隐患
201			作业前未通知监理、地锚选择和填深不符合要求	Ⅱ级重大事故隐患
202	架空线路工程		架线施工工作人员未持证上岗、未参加培训教育	一般事故隐患
203			施工机械、工器具不合格、操作不当、起重设备无检测报告	一般事故隐患
204			跨越架搭设不牢固、拉线角度过大、未设置监护人	Ⅱ级重大事故隐患
205		架线施工	跨越架搭设未编制专项施工方案、立柱埋深不足、立柱、横杆间距过大、拉线角度过大、无警示、搭设、验收标志牌、架体强度不足	Ⅱ级重大事故隐患
206			跨越施工开工前未进行专家论证、未通知监理、防护网污秽潮湿、遇特殊天气未停工、跨越架、防护网搭设不牢固	Ⅱ级重大事故隐患
207			绝缘工具未进行试验、使用前未进行检查、未设置监护人、未设立警示标志	一般事故隐患

序号	一级分类	二级分类	标准描述	分级
208			绝缘子串及滑车吊装未使用专用卡具、监护人监护不到位	一般事故隐患
209			导引绳展放操作不当，可能导致物体打击	一般事故隐患
210			连接器规格不符合要求、未按需使用旋转连接器，可能导线脱落导致物体打击	Ⅱ级重大事故隐患
211			飞艇放线未编制专项施工方案、起降场所未设置安全围栏及警示标志、气囊未进行检查、操作人员无操作资格	Ⅱ级重大事故隐患
212			牵引机布置不符合要求、地锚设置不正确、导线仰角过大、牵引机受力方向与轴线不垂直	一般事故隐患
213	架空线路工程	架线施工	张力机布置不符合要求、地锚设置不正确、导线仰角过大、牵引机受力方向与轴线不垂直	一般事故隐患
214			工器具未进行检查、施工机械无检验合格证	一般事故隐患
215			牵引绳使用前未进行检查	Ⅱ级重大事故隐患
216			放线施工通信不畅通	一般事故隐患
217			直线塔附件安装未挂设保安接地线	Ⅱ级重大事故隐患
218			上下绝缘子串未使用爬梯、速查自控器，可能导致人员高摔	一般事故隐患
219			塔上附件安装工作未装设二道保护，可能导致人员高摔	一般事故隐患

序号	一级分类	二级分类	标准描述	分级
220	架空线路工程	架线施工	临近带电易产生感应电线路在附件安装作业区间两端未装设接地线、作业点两端未增设接地线，可能导致人身触电	Ⅱ级重大事故隐患
221			高处作业上下传递物品未正确使用绳索，可能导致物体打击	一般事故隐患
222			跳线安装未装设接地线，可能导致人身触电	Ⅱ级重大事故隐患
223			停电跨越或同塔线路扩建第二回导线停电架设作业绝缘工具未定期试验、未设专人监护	一般事故隐患
224			跨越110kV以下带电线路（或同塔扩建第二回，另一回不停电）作业未制订专项施工方案、未指定专人监护、未做好接地措施、跨越带电线路不满足安全距离要求、安全防护措施不到位，可能导致人身触电事故	Ⅱ级重大事故隐患
225			跨越110kV及以上带电线路（或同塔扩建第二回，另一回不停电）作业未进行专家论证、未通知监理、未设置监护人、未做好接地措施、跨越未指定补充措施、作业最小安全距离不满足要求，可能导致人身触电事故	Ⅰ级重大事故隐患
226			高原、大风、雨雪、冰雹等特殊天气施工安全保护措施不全、未制订专项安全处置方案	Ⅱ级重大事故隐患
227	电力隧道工程	明开隧道施工	普通沟槽开挖作业未分层开挖、边坡支护不及时等，易造成塌方	一般事故隐患
228			深度超过5m（含5m）或未超过5m，但地质条件与周边环境复杂的基槽土方作业方案未经专家论证、未全面交底、土方堆放距槽边过近等，易造成塌方和高摔	Ⅰ级重大事故隐患

序号	一级分类	二级分类	标准描述	分级
229			基槽边坡维护结构施工机械带病作业、作业人员防护用品不到位等，易造成物体打击	一般事故隐患
230			明开隧道结构施工用电作业不规范、无专人指挥等，易造成火灾和触电	一般事故隐患
231			防水作业使用液化气罐、无动火票、无看护人及消防设施等，易造成火灾	一般事故隐患
232			钢筋作业特种作业人员无证上岗、焊接作业无动火票等，易造成机械伤害和火灾	一般事故隐患
233	电力隧道工程	明开隧道施工	模板安装与拆除作业无专项施工方案、上下抛物、作业人员安全防护措施不到位等，易造成物体打击和高摔	一般事故隐患
234			混凝土浇筑作业未按工艺要求进行、临时用电线缆敷设不规范等，易造成高摔和触电	一般事故隐患
235			电缆支架安装用电设备接地不牢、安全防护用品不到位等，易造成物体打击	一般事故隐患
236			竖井爬梯安装临时用电设备接地不良、高处作业防护设施不到位等，易造成高摔和物体打击	一般事故隐患
237			接地极、接地线安装临时用电设备接地不良、安全防护设施不到位等，易造成触电和机械伤害	一般事故隐患
238			通风亭施工高处作业安全防护设施不到位、用电设备，易造成高摔和触电	一般事故隐患

序号	一级分类	二级分类	标准描述	分级
239	电力隧道工程	明开隧道施工	井腔、井盖施工安全防护设施不到位、安全文明施工要求未落实，易造成高摔	一般事故隐患
240		浅埋暗挖隧道施工	龙门架安装与拆除作业未编制专项方案，或未按方案要求施工，高处作业、临近带电体作业无防护措施等，易造成高摔、触电等	Ⅱ级重大事故隐患
241			竖井开挖未分层进行、垂直运输无专人指挥、临边防护不到位等，易造成高处坠落和物体打击	一般事故隐患
242			围岩土体加固工作机械无检验合格证、无压力表、配比不准确等，易造成机械伤害	一般事故隐患
243			隧道开挖支护无方案或有方案未按方案执行、隧道施工过程未及时监控测量、通风不到位等，易造成中毒或窒息	Ⅱ级重大事故隐患
244			竖井隧道防水作业安全防护措施不到位、未开具施工作业票等，易造成高摔	安全事件隐患
245			隧道结构施工防护措施不到位，临时用电、物料码放不符合要求等，易造成物体打击	一般事故隐患
246			附属工程施工高处作业无防护措施、临时用电系统不完善、用电设备未经检查、动火作业无消防器材等，易造成触电、火灾和物体打击	一般事故隐患
247		盾构隧道施工	始发和接收竖井土方施工支护不及时、未按方案进行施工、未经专家论证、土方作业未分层等，易造成塌方	Ⅱ级重大事故隐患
248			始发和接收竖井结构施工无工作票、动火票、无监护人、用电设备接地不规范等，易造成触电、高摔、火灾等	Ⅱ级重大事故隐患

序号	一级分类	二级分类	标准描述	分级
249	电力隧道工程	盾构隧道施工	竖井防水施工无作业票、无消防器材、无专人监护等，易造成高摔和火灾	一般事故隐患
250			盾构机安装与拆除无专项方案、起重机械未经检查、特种作业人员无证上岗等，易造成起重伤害	Ⅱ级重大事故隐患
251			盾构机掘进过程未对地下障碍物进行勘探尤其是穿越重要设施（地铁等）、有害气体检测不及时、通风设施不到位等，易造成破坏被穿越物、中毒或窒息	Ⅰ级重大事故隐患
252			盾构机出洞未对临近土体进行监测、盾构支撑体系不完善、洞口管片封闭不及时等，易造成塌方	Ⅰ级重大事故隐患
253			施工机械设备日常维护不及时、维护作业无监护人、未按规程进行维护、起重设备不合格等，易造成起重伤害	一般事故隐患
254			附属工程施工高处作业无防护措施、临时用电系统不完善、用电设备未经检查、动火作业无消防器材等，易造成触电、火灾和物体打击	一般事故隐患
255		竖井起重作业	竖井垂直吊装作业无专人指挥、起重设备未定期检测维护等，易造成起重伤害	Ⅰ级重大事故隐患
256		有限空间作业	有限空间作业未定时进行气体检测、无监护人、无通风设备等，易造成中毒或窒息	Ⅰ级重大事故隐患
257	电缆线路工程	电缆敷设	吊装电缆盘作业人员无职业资格、起吊物捆绑不牢、指挥操作不当，可能造成物体打击及机械伤害	Ⅱ级重大事故隐患

序号	一级分类	二级分类	标准描述	分级
258	电缆线路工程	电缆敷设	有限空间上下井防护措施不完善、隧道内电缆保护措施不全，可能造成高摔及磕碰伤	一般事故隐患
259			有限空间作业手续不全、气体检测不规范、有限空间安全措施不全，可能造成中毒窒息事故	Ⅱ级重大事故隐患
260			动火作业操作不规范、消防器材配备不合理、安全措施不全，可能导致火情发生	一般事故隐患
261			电气焊作业无职业资格、操作不规范、安全措施不全，可能导致火情发生	一般事故隐患
262			直埋、占路施工交通安全设施不全，可能导致交通事故	一般事故隐患
263			沟槽施工未正确挖样洞、围栏、防护网、支撑等措施不全，可能导致高摔及物体打击	一般事故隐患
264			站内电缆敷设施工无专人指挥专人监护、安全措施不全，可能造成人身触电事故	一般事故隐患
265			孔洞未及时封堵，可能造成人员高摔	一般事故隐患
266			冬季电缆加热安全措施不完善，可能导致火情发生	安全事件隐患
267		电缆附件安装	导体连接（爆破焊接、机械压接）未清楚易燃物、未佩戴护目镜、未对临近电缆进行保护，可能导致火情发生或电网事故	一般事故隐患
268			导体连接（爆破焊接、机械压接）操作不规范，可能造成机械伤害	安全事件隐患
269			站内工作搭工作平台操作不规范，可能导致人身触电或设备事故	一般事故隐患

序号	一级分类	二级分类	标准描述	分级
270	电缆线路工程	电缆附件安装	站内施工未正确围挡、未设置专人监护、安全措施不全，可能导致人身触电	一般事故隐患
271			孔洞未及时封堵，可能造成人员高摔	一般事故隐患
272			有限空间作业手续不全、气体检测不规范、措施不全，可能导致中毒、窒息事故	Ⅱ级重大事故隐患
273			动火作业操作不规范、消防器材配备不合理、安全措施不全，肯能导致火情发生	一般事故隐患
274			电气焊作业无职业资格、操作不规范、安全措施不全，可能导致火情发生	一般事故隐患
275			隧道内施工上下电缆隧道措施及电缆保护措施不全，可能导致人员高摔或物体打击	一般事故隐患
276			有限空间作业手续不全、气体检测不规范、有限空间安全措施不全，可能造成中毒窒息事故	一般事故隐患
277			电气焊作业操作不规范、措施不全，可能导致火情发生	一般事故隐患
278		电缆试验	电缆外护套试验、电缆绝缘耐压试验未设专人监护、试验区未正确围挡标识不全、未对非加压设备可靠接地、安全措施不全，可能导致人身触电	一般事故隐患
279			电缆绝缘耐压试验安全措施不全，可能导致人身触电事故	Ⅱ级重大事故隐患

序号	一级分类	二级分类	标准描述	分级
280	电缆线路工程	电缆停送电	电缆切改工作未指定专项施工措施、工作前未核对路名、未执行切改安全措施、未使用安全刺锥,可能导致人身触电事故	Ⅱ级重大事故隐患
281			电缆核相工作未正确核对路名、未检查地线是否拆除、核相器接线不正确、安全措施不全,肯能导致人身触电	一般事故隐患

第二节 典型案例

一、变电站土建施工

[7-1] 防护措施——110kV 变电站基建现场吊车周围未设置安全遮栏

编号：7-1	隐患分类：基建	隐患子分类：变电站土建施工	隐患级别：安全事件隐患

隐患问题：110kV 变电站基建现场吊车周围未设置安全遮栏

110kV 变电站基建现场吊车周围未设置
安全遮栏

隐患描述及其后果分析：

110kV 变电站基建现场吊车周围未设置安全遮栏，易造成人员在吊车施工半径范围内随意穿行，对人员安全构成隐患。《国家电网公司安全事故调查规程》第 2.1.2.8 条规定，无人员死亡和重伤，但造成 1~2 人轻伤者，构成八级人身事件

隐患排查标准要求：

《安全生产隐患管控治理措施标准》（京电安〔2015〕25 号）规定，起重作业无专人指挥、作业区域无警示标志，易造成人身伤害，构成安全事件隐患

隐患管控治理措施：

（1）该隐患治理前，停止起重机械施工作业；

（2）停工一天，对起重机械指挥、起重机械操作、监理人员开展安全教育，提高安全意识；

（3）在起重机械周围设置安全遮栏，严防地面施工人员进入吊臂活动范围，并设专人监护

[7-2] 墙体——220kV 变电站改扩建现场新主变压器的基坑在雨季存在坍塌隐患

编号：7-2	隐患分类：基建	隐患子分类：变电站土建施工	隐患级别：一般事故隐患

隐患问题：220kV 变电站改扩建现场新主变压器的基坑在雨季存在坍塌隐患

220kV 变电站改扩建现场新主变压器的
基坑在雨季存在坍塌隐患

隐患描述及其后果分析：

220kV 变电站改扩建现场新旧主变压器之间的防火墙在雨季存在倾斜、倒塌的隐患。新主变压器的基坑在雨季存在坍塌隐患，可能造成区域停电。《国家电网公司安全事故调查规程》第 2.2.7.1 条规定，35kV 以上输变电设备异常运行或被迫停止运行，并造成减供负荷者，构成七级电网事件

隐患排查标准要求：

《安全生产隐患管控治理措施标准》（京电安〔2015〕25 号）规定，混凝土浇筑过程作业人员安全防护措施不到位、无专人指挥、用电器电源线防护不到位等，易造成高摔和触电，构成一般事故隐患

隐患管控治理措施：

（1）施工班组负责人、安全员现场监护，现场监理进行巡视检查；

（2）施工项目部安全员现场检查控制措施落实情况，对不符合要求内容及时督促施工班组整改；

（3）防火墙每五天监测 1 次，与前次数据认真对比，严保墙体不出现倾斜位移现象的发生；

（4）对主变压器基坑周围加固挡水墙，在天气预报有雨时，提前将抽水泵、抽水管准备妥当并接好电源备用，随时监测基坑积水情况，根据情况及时清理积水；

（5）设置安全遮栏，严禁无关人员进入

二、变电站电气工程

[7-3] 防护措施——110kV 变电站工程孔洞无遮盖及围挡

编号：7-3	隐患分类：基建	隐患子分类：变电站电气工程	隐患级别：Ⅰ级重大事故隐患
隐患问题：110kV 变电站工程孔洞无遮盖及围挡			

110kV 变电站工程孔洞无遮盖及围挡

隐患描述及其后果分析：

消防水池施工现场深坑临边未设可靠的防护设施，施工过程中可造成人员摔伤事故。《国家电网公司安全事故调查规程》第 2.1.2.8 条规定，无人员死亡和重伤，但造成 1~2 人轻伤者，可构成八级人身事件

隐患排查标准要求：

《国家电网公司安全隐患排查治理管理办法》第 5 条规定，造成五～八级人身事件，同时《安全生产隐患管控治理措施标准》（京电安〔2015〕25 号）规定，在所吊设备的前方或正面操作，导致机械伤害；未试吊，吊移范围内停留、走动，导致物体打击；孔洞未封闭，导致高处坠落，构成Ⅰ级重大事故隐患

隐患管控治理措施：

（1）建设部要求施工单位及时在消防水池深坑周边设置可靠的防护设施；

（2）建设部要求施工项目部设置专人，针对施工现场的陡坎、深坑等危险场所的防护措施及安全标志，进行维护和管理；

（3）建设部要求施工单位定期检查防摔伤设施并记录

三、架空线路工程

[7-4] 设备存放——施工现场气瓶无任何固定措施

编号：7-4	隐患分类：基建	隐患子分类：架空线路工程	隐患级别：一般事故隐患
隐患问题：施工现场气瓶无任何固定措施			

施工现场气瓶无任何固定措施

隐患描述及其后果分析：

施工现场气瓶无任何固定措施，如气瓶倾倒可能发生气体泄漏和火花，引起消防安全事故。《国家电网公司安全事故调查规程》第2.1.2.7条规定，无人员死亡和重伤，但造成3人以上5人以下轻伤者，构成七级人身事件

隐患排查标准要求：

《安全生产隐患管控治理措施标准》（京电安〔2015〕25号）规定，动火作业防火措施不全、氧气与乙炔瓶摆放距离不足、气瓶未安装减压阀及回火器，构成一般事故隐患

隐患管控治理措施：

（1）安排专人将气瓶移至仓库固定储存；

（2）监理监督施工单位进行整改上报；

（3）对相关现场责任人、安全员进行教育，再次进行隐患排查；

（4）如确需存放，需24h有人看护，摆放灭火器材

[7-5] 安全措施——110kV 送出工程 49~50 号间跨越架未悬挂警示牌

编号：7-5	隐患分类：基建	隐患子分类：架空线路工程	隐患级别：安全事件隐患

隐患问题：110kV 送出工程 49~50 号间跨越架未悬挂警示牌

110kV 送出工程 49~50 号间跨越架
未悬挂警示牌

隐患描述及其后果分析：
110kV 送出工程 49~50 号间跨越架未悬挂警示牌，易造成无关人员靠近跨越架或进入施工区域，导致人身伤害事故。《国家电网公司安全事故调查规程》第 2.1.2.8 条规定，无人员死亡和重伤，但造成 1~2 人轻伤者，构成八级人身事件

隐患排查标准要求：
《安全生产隐患管控治理措施标准》（京电安〔2015〕25 号）规定，施工人员安全意识不强、作业行为不规范、安全措施布置不全，构成安全事件隐患

隐患管控治理措施：
（1）施工班组负责人、安全员加强现场监护，现场监理巡视检查。
（2）施工项目部安全员现场检查控制措施落实情况，对此处跨越架未悬挂标识牌处及时督促班组整改。
（3）工程技术负责人应向所有参加施工作业人员进行安全交底，指明作业过程中的危险点及安全注意事项；接受交底人员必须在交底记录上签字。
（4）施工人员严格遵守规定，并考试合格后再上岗。
（5）按作业项目区域定置平面布置图要求进行施工作业现场布置，起重区域设置安全警戒区

四、电力隧道工程

[7-6] 接地——110kV 送电工程 43 号竖井施工现场临电箱接地未连接安全

编号：7-6	隐患分类：基建	隐患子分类：电力隧道工程	隐患级别：一般事故隐患
隐患问题：110kV 送电工程 43 号竖井施工现场临电箱接地未连接安全			

110kV 送电工程 43 号竖井施工现场临电箱接地未连接安全

隐患描述及其后果分析：

110kV 变电站送电工程 43 号竖井施工现场临电箱接地未连接，可能造成人身触电事故。《国家电网公司安全事故调查规程》第 2.1.2.8 条规定，无人员死亡和重伤，但造成 1~2 人轻伤者，构成八级人身事件

隐患排查标准要求：

《安全生产隐患管控治理措施标准》（京电安〔2015〕25 号）规定，电缆支架安装用电设备接地不牢、安全防护用品不到位等，易造成物体打击，构成一般事故隐患

隐患管控治理措施：

（1）施工班组负责人、安全员现场监护；

（2）施工项目部安全员现场检查控制措施落实情况，对不符合要求内容及时督促施工班组整改；

（3）现场监理巡视检查；

（4）在施工中安全员定期检查配电箱接地，发现接地损坏要及时更换，确保用电安全

[7-7] 防护网——110kV 送电工程 2 号竖井井周防护网损坏

编号：7-7	隐患分类：基建	隐患子分类：电力隧道工程	隐患级别：一般事故隐患

隐患问题：110kV 送电工程 2 号竖井井周防护网损坏

110kV 送电工程 2 号竖井井周防护网
损坏

隐患描述及其后果分析：

110kV 送电工程 2 号竖井井周防护网损坏，可能造成工作人员高摔。《国家电网公司安全事故调查规程》第 2.1.2.8 条规定，无人员死亡和重伤，但造成 1~2 人轻伤者，构成八级人身事件

隐患排查标准要求：

《安全生产隐患管控治理措施标准》（京电安〔2015〕25 号）规定，井腔、井盖施工安全防护设施不到位、安全文明施工要求未落实，易造成高摔，构成一般事故隐患

隐患管控治理措施：

（1）施工班组负责人、安全员加强现场监护；

（2）施工项目部安全员现场检查控制措施落实情况，对不符合要求内容及时督促施工班组整改；

（3）现场监理巡视检查；

（4）施工单位对施工现场不符合要求的安全防护用品进行更换和维修

CHAPTER 8

第八章

安全管理专业隐患排查治理标准及典型案例

第一节 安全管理专业隐患排查治理标准

安全管理专业隐患排查治理标准

序号	一级分类	二级分类	标准描述	分级
1	基础管理	教育培训	实习人员、临时和新参加工作的人员未经安全知识教育单独开展工作	一般事故隐患
2			外单位承担（或外来人员参与）公司系统电气工作的人员未经安规培训，未经考试合格	一般事故隐患
3			未针对"工作票签发人、工作负责人、工作许可人"开展安全生产规程制度培训、考试工作，未明文发布"三种人"名单	安全事件隐患
4			生产人员转岗、所操作设备或技术条件发生变化，未进行适应新岗位、新操作方法的安全技术教育和实际操作训练，未经考试合格	安全事件隐患
5			作业人员未参加年度安规考试或考试不合格	安全事件隐患
6			作业人员未开展安全技能专业培训	安全事件隐患
7			工作负责人的安全技能等级未达到二级及以上，作业人员安全技能等级未达到三级及以上	安全事件隐患
8			三种人未参加安规普考或考试不合格	安全事件隐患
9			生产人员未持有安全技能等级证	安全事件隐患

序号	一级分类	二级分类	标准描述	分级
10	基础管理	安全规章制度建立	安全管理规章制度不健全，更新不及时	安全事件隐患
11			未建立、健全各级各类人员和各部门的安全生产责任制	安全事件隐患
12			未建立、健全安全管理与考核制度	安全事件隐患
13	现场作业	工作组织	无计划安排生产工作，生产部门（中心）、班组未经批准，临时安排或变更工作任务	Ⅱ级重大事故隐患
14			施工单位（包括分包单位）和个人不履行相关程序擅自更改作业计划	Ⅱ级重大事故隐患
15			施工项目部绕开生产组织流程，不严格执行计划审批手续直接联系运行单位停电	一般事故隐患
16			业扩项目接入电网验收组织管理粗放，新安装设备未完成计量验收前已带电	一般事故隐患
17			营销计量专业人员在未了解客户现场设备带电情况下进行相关工作，未采取必要的安全防护措施	一般事故隐患
18			设备生产厂家未与需方沟通擅自更改设计，提供的设备实际一次接线与技术协议和设计图纸不一致	一般事故隐患
19			调度部门在对该业扩项目实施设备异动发布前，没有核对设备状态（可能导致人身伤害）	一般事故隐患
20			防误操作管理不严格	一般事故隐患

序号	一级分类	二级分类	标准描述	分级
21		工作组织	现场工作组织管理不力，对一个电气连接部分进行的多专业、多班组工作组织管理不到位	一般事故隐患
22		工作票管理	工作票检查发现严重性问题	安全事件隐患
23			工作票检查连续两个月发现同一单位同类型严重性问题	一般事故隐患
24			工作票检查连续两个月发现同一单位同类型一般性问题	安全事件隐患
25			各单位生产部门（中心）工作票检查不到位	安全事件隐患
26			未开展工作票填写执行规范培训	安全事件隐患
27	现场作业	作业现场检查	作业现场检查连续两次发现同一单位同类型一般性问题	安全事件隐患
28			作业现场检查发现严重性问题	一般事故隐患
29			作业现场检查连续两个月发现同一单位同类型严重性问题	一般事故隐患
30			现场作业各级管理人员未按要求执行到岗到位和现场把关	一般事故隐患
31			管理人员发现违章未及时制止或带头违章	一般事故隐患
32			作业现场"两票三制"未落实，现场各级人员安全职责不落实	Ⅰ级重大事故隐患
33			保障安全的组织措施和技术措施落实不到位	Ⅰ级重大事故隐患
34			作业班组未配备合格的、数量充足的安全工器具和安全防护用具	Ⅱ级重大事故隐患

序号	一级分类	二级分类	标准描述	分级
35	现场作业	作业现场检查	运行人员在改变设备状态操作前未认真核对设备的实际位置	一般事故隐患
36			工作过程中作业人员擅自变更安全措施,翻越安全围栏,或攀爬设有"禁止攀登,高压危险!"标示牌的设备等	一般事故隐患
37			具有粉尘的车间或作业场所的建筑物、生产作业环境不符合《粉尘防爆规程》要求,没有装设降尘、除尘、收尘、通风等设施设备,相关设施及能力没有达到安全要求;没有采用防爆设备与防碰撞火花作业工具;没有配备相关检测仪器,并按规定开展检验检测工作	一般事故隐患
38			设备、线路图纸与实际不符	一般事故隐患
39		人防	根据公司安保稽查 10 项工作标准,相关安全保卫工作措施未落实到位,且超期(1 个月)未进行整改的	安全事件隐患
40		有限空间作业	未对有限空间作业人员开展安全培训,有限空间作业监护人无特种作业操作证	一般事故隐患
41			未开展有限空间作业紧急救援演练,人员对应急措施不了解	一般事故隐患
42			有限空间作业人员的防护用品配备不齐全或设备不完好,有限空间无固定警示标识或配置不完整	一般事故隐患
43			单位、生产部门(中心)、班组有限空间作业的各项安全管理制度配备不齐全	安全事件隐患
44			部分作业人员不会或不能熟练使用有限空间安全工器具、防护用具、检测用具等	一般事故隐患

序号	一级分类	二级分类	标准描述	分级
45		有限空间作业	有限空间作业现场未填写进出有限空间作业申请单或未履行审批、许可手续	一般事故隐患
46			未做好通风、检测、防护、设置围栏和警示牌等安全措施，未设置有限空间作业地上监护人或专责监护人监护不到位	Ⅰ级重大事故隐患
47		承发包工程管理	两个及以上承包方队伍在同一作业区域内进行项目作业活动，可能危及对方安全的，开工前未签订安全生产管理协议，未指定专职安全生产管理人员进行安全检查和协调	Ⅱ级重大事故隐患
48			在发（承）包项目开工前，发包方管理人员未向承包方进行全面的安全技术交底，相关交底记录手续缺失	Ⅱ级重大事故隐患
49	现场作业		设备主管单位未向承包方履行工作许可手续，工作许可人（线路现场配合人、变电值班人员）未向承包方的现场工作负责人交代清楚停电范围、计划停发电时间、临近带电设备及接地线封挂位置等安全措施	一般事故隐患
50			劳务分包人员在没有施工承包方组织、指挥及带领的情况下独立承担危险性大、专业性强的施工作业	一般事故隐患
51			施工单位租赁运输车辆、机械设备时，租用未取得相应资质单位的车辆、设备	一般事故隐患
52			施工单位与出租运输车辆、机械设备的单位未建立运输车辆、机械设备租赁关系，未签订机械租赁安全协议	一般事故隐患
53		安全防护	违反操作规程，工作过程中擅自摘掉绝缘手套进行工作	一般事故隐患

序号	一级分类	二级分类	标准描述	分级
54	现场作业	安全防护	带电作业绝缘遮蔽不完善或使用不合格的绝缘遮蔽用具	一般事故隐患
55			进入现场未正确佩戴安全帽，高处作业未使用或不正确使用安全带	一般事故隐患
56			安全工器具和安全防护用具未经国家规定的型式试验、出厂试验，未进行周期性检测试验	一般事故隐患
57			安全工器具保管环境不满足要求	安全事件隐患
58			未开展安全防护培训，人员不会正确使用劳动保护用品	安全事件隐患
59			班组内安全工器具配置不符合规范要求，安全工器具未经检验合格或检验超期	一般事故隐患
60		特种设备安全管理	特种作业人员不具备相应特种设备操作证或逾期未审验	一般事故隐患
61			使用过程中未按规程要求对特种设备安全技术性能进行定期检验	一般事故隐患
62			特种设备超过安全技术规范规定使用年限，使用单位未及时申请予以报废	一般事故隐患
63	安全管理	安全审计	安全生产目标未分解细化到基层	一般事故隐患
64			未定期召开安全生产分析会	安全事件隐患
65			未明确年度安全生产工作目标、工作重点和措施并组织实施	一般事故隐患
66			安全审计连续两次发现同一单位同类型一般性问题	安全事件隐患
67			安全审计检查发现严重性问题	一般事故隐患

序号	一级分类	二级分类	标准描述	分级
68		安全审计	安全审计检查连续两次发现同一单位同类型严重性问题	一般事故隐患
69			各单位安监部门未按安全职责审计标准要求进行自审	安全事件隐患
70			未完成安全审计问题的整改	一般事故隐患
71		承（分）包企业安全质量评估	安全质量评估连续两次发现同一单位同类型一般性问题	安全事件隐患
72			安全质量评估发现严重性问题	一般事故隐患
73			安全质量评估连续两次发现同一单位同类型严重性问题	一般事故隐患
74	安全管理	承发包工程安全管理	有关政府部门核发的营业执照和法人代表资格证书没有或失效；建筑企业资质等级证书没有或失效；安全生产许可证没有或失效；承装（修、试）电力设施许可证没有或失效	Ⅱ级重大事故隐患
75			外省市进京施工队的进京手续不全，如无市建委发给的《北京市建筑业企业档案管理手册》	Ⅱ级重大事故隐患
76			发包的电力生产经营项目与承包方经营范围、资质不符；承包方没有甲方证明的施工简历和近3年安全施工记录	一般事故隐患
77			承包方未建立健全安全生产教育培训制度，安规培训考试记录不完整，人员技术素质不符合工程要求，上岗特殊工种无证件或证件过有效期	一般事故隐患
78			承包方施工机械、工器具及安全防护设施、安全用具不满足施工需要	Ⅰ级重大事故隐患

序号	一级分类	二级分类	标准描述	分级
79		承发包工程安全管理	承包方没有专职安全管理机构；施工队伍超过30人的没有专职安全员，30人以下的没有兼职安全员	Ⅱ级重大事故隐患
80			发包方未对承包方的资质和条件进行审查	一般事故隐患
81			发包方和承包方、承包方和分包方未签订施工合同及安全生产管理协议	Ⅱ级重大事故隐患
82			发包方安监部门未跟踪、记录承包方每项业务的安全情况	安全事件隐患
83			施工单位现场施工安全方案、标准化作业指导书等未经过承包方、监理方审核	一般事故隐患
84	安全管理		承包方项目部未落实各级岗位安全职责、安全工作目标和安全奖惩规定	一般事故隐患
85		业务委托安全管理	受托方转包或外包承揽的委托业务，将委托业务整体委托或拆分后委托给第三方	一般事故隐患
86			受托方管理人员未落实与劳务分包人员"同进同出"施工现场的要求	一般事故隐患
87			承担受托业务的集体企业的上级主管单位，未将集体企业安全生产业务纳入本单位安全生产日常管理范畴，实行一体化管理	一般事故隐患
88			集体企业主管单位未对工作票签发人和工作负责人进行安全培训和考试。未公布有资格担任工作签发人、工作负责人的人员名单，并报送委托方单位备案	一般事故隐患
89			受委托方不具有相应资质等级的总承包或专业承包资格	一般事故隐患

序号	一级分类	二级分类	标准描述	分级
90	安全管理	业务外包安全管理	承包方转包承揽的外包业务或违规分包	一般事故隐患
91			承包方管理人员未落实与外包人员"同进同出"施工现场的要求	一般事故隐患
92			发包方未将承包方安全生产业务纳入本单位安全生产日常管理范畴，实行一体化管理	一般事故隐患
93			承包方未按要求开展三级安全教育培训、技能训练和应急演练，参与施工的外施工企业人员未经发包方安全考试合格即进入电力生产区域作业	一般事故隐患
94			承包方工作票签发人、工作负责人未通过公司统一组织的《安规》普考	一般事故隐患
95			发包方将电力生产经营项目发包给具有不具有相应资质等级的总承包或专业承包企业	一般事故隐患
96			外包业务开工前，发包方管理人员未向承包方管理、技术、安全等人员进行全面的安全技术交底	一般事故隐患

一、现场作业

[8-1] 工作票——工作票票面上设备双重名称与实际不符

编号：8-1	隐患分类：安全管理	隐患子分类：现场作业	隐患级别：一般事故隐患
隐患问题：工作票票面上设备双重名称与实际不符			

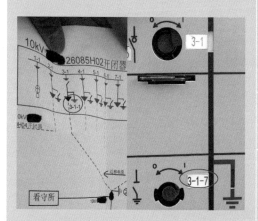

工作票票面上设备双重名称与实际不符

隐患描述及其后果分析：

检查 10kV 配电线路出站电缆 5 号杆加装线路重合器时，发现工作票票面上设备双重名称与实际不符，设备实际称号为 3-1-7，容易使施工人员混淆设备，造成人身伤亡事故。《国家电网公司安全事故调查规程》第 2.1.2.4 条规定，一次事故造成 3 人以下死亡，或者 10 人以下重伤者，构成一般人身事故（四级人身事故）

隐患排查标准要求：

《安全生产隐患管控治理措施标准》（京电安〔2015〕25 号）规定，设备、线路图纸与实际不符，构成一般事故隐患

隐患管控治理措施：

（1）组织各单位针对存在的问题对照工作票填写执行规定进行学习，举一反三，并制定整改措施；

（2）针对责任人进行有针对性的考试；

（3）对于责任人参加审核的工作票由站长进行复审；

（4）各单位将整改和考核情况上报公司安监部备案

[8-2] 有限空间作业——10kV 开关站二路环网改造工程工作区域打开的井口未做围挡

编号：8-2	隐患分类：安全管理	隐患子分类：现场作业	隐患级别：Ⅰ级重大事故隐患

隐患问题：10kV 开关站二路环网改造工程工作区域打开的井口未做围挡

10kV 开关站二路环网改造工程工作区域
打开的井口未做围挡

隐患描述及其后果分析：

公司稽查组检查 10kV 开关站二路环网改造工程，发现工作区域有一打开的井口未设置围栏，容易出现经过人员踏空掉入井内的情况，可能造成人身伤亡事故。《国家电网公司安全事故调查规程》第 2.1.2.4 条规定，一次事故造成 3 人以下死亡，或者 10 人以下重伤者，构成一般人身事故（四级人身事故）

隐患排查标准要求：

《安全生产隐患管控治理措施标准》（京电安〔2015〕25 号）规定，未做好通风、检测、防护、设置围栏和警示牌等安全措施，未设置有限空间作业地上监护人或专责监护人监护不到位，构成Ⅰ级重大事故隐患

隐患管控治理措施：

（1）停止现场工作。

（2）对存在的问题进行整改。

（3）电缆井（沟）盖开启后，应设置围栏，并有人看守。围栏上应悬挂"安全告知牌"。看守人为有限空间地上监护者，负责在电缆隧道（井）外持续监护

[8-3] 有限空间作业——有限空间作业人员未配备防护用品

编号：8-3	隐患分类：安全管理	隐患子分类：现场作业	隐患级别：一般事故隐患

隐患问题：有限空间作业人员未配备防护用品

隐患描述及其后果分析：

公司稽查组检查有限空间作业，发现进入有限空间的作业人员未按要求穿戴全身式安全带，携带正压隔绝式（逃生）呼吸器，如井下发生有害气体泄漏或缺氧，易造成人身伤亡事故。《国家电网公司安全事故调查规程》第2.1.2.4条规定，一次事故造成3人以下死亡，或者10人以下重伤者，构成一般人身事故（四级人身事故）

隐患排查标准要求：

《安全生产隐患管控治理措施标准》（京电安〔2015〕25号）规定，有限空间作业人员的防护用品配备不齐全或设备不完好，有限空间无固定警示标识或配置不完整，构成一般事故隐患

有限空间作业人员未配备防护用品

隐患管控治理措施：

（1）停止现场工作；

（2）对存在的问题进行整改；

（3）公司要为有限空间生产班组配备足额安全防护设备、个体防护装备、应急救援设备、作业设备和工具；

（4）公司巡检组重点对该单位工作现场进行监督检查

[8-4] 有限空间作业——电缆夹层持续工作未采取通风措施

编号：8-4	隐患分类：安全管理	隐患子分类：现场作业	隐患级别：一般事故隐患
隐患问题：电缆夹层持续工作未采取通风措施			

电缆夹层持续工作未采取通风措施

隐患描述及其后果分析：

公司检查 10kV 配电室电缆夹层有限空间作业，发现未采取持续通风措施，容易使有限空间作业人员缺氧，造成人身伤亡事故。《国家电网公司安全事故调查规程》第 2.1.2.4 条规定，一次事故造成 3 人以下死亡，或者 10 人以下重伤者，构成一般人身事故（四级人身事故）

隐患排查标准要求：

《安全生产隐患管控治理措施标准》（京电安〔2015〕25 号）规定，未做好通风、检测、防护、设置围栏和警示牌等安全措施，未设置有限空间作业地上监护人或专责监护人监护不到位，构成一般事故隐患

隐患管控治理措施：

（1）停止现场工作；

（2）对存在的问题进行整改；

（3）电缆沟的盖板开启后，应自然通风一段时间，经测试合格后方可下井工作，通风设备应保持常开，以保证空气流通；

（4）公司巡检组重点对该单位工作现场进行监督检查

二、安全管理

[8-5] 防护措施——消防水池施工现场临边防护不到位

编号：8-5	隐患分类：安全管理	隐患子分类：安全管理	隐患级别：Ⅰ级重大事故隐患
隐患问题：消防水池施工现场临边防护不到位			

消防水池施工现场临边防护不到位

隐患描述及其后果分析：
　　在消防水池施工现场发现深坑临边未设可靠的防护设施，施工过程中可造成人员摔伤事故。《国家电网公司安全事故调查规程》第 2.1.2.8 条规定，无人员死亡和重伤，但造成 1~2 人轻伤者，构成八级人身事件

隐患排查标准要求：
《安全生产隐患管控治理措施标准》（京电安〔2015〕25 号）规定，承包方施工机械、工器具及安全防护设施、安全用具不满足施工需要，构成Ⅰ级重大事故隐患

隐患管控治理措施：
（1）建设部要求施工单位及时在消防水池深坑周边设置可靠的防护设施；
（2）建设部要求施工项目部设置专人，针对施工现场的陡坎、深坑等危险场所的防护措施及安全标志，进行维护和管理；
（3）建设部要求施工单位定期检查防摔伤设施并记录

[8-6] 安全技术交底——外包工作现场无安全技术交底

编号：8-6	隐患分类：安全管理	隐患子分类：安全管理	隐患级别：一般事故隐患

隐患问题：外包工作现场无安全技术交底

外包工作现场无安全技术交底

隐患描述及其后果分析：

外包工作现场无安全技术交底，未对工程作出要求、细化方案，容易导致施工作业人员对安全注意事项认识不足，使得施工过程中可造成人员摔伤事故。《国家电网公司安全事故调查规程》第 2.1.2.8 条规定，无人员死亡和重伤，但造成 1~2 人轻伤者，构成八级人身事件

隐患排查标准要求：

《安全生产隐患管控治理措施标准》（京电安〔2015〕25 号）规定，外包业务开工前，发包方管理人员未向承包方管理、技术、安全等人员进行全面的安全技术交底，构成一般事故隐患

隐患管控治理措施：

（1）发包方管理人员未向承包方管理、技术、安全等人员进行全面的安全技术交底禁止外包业务开工；

（2）对存在的问题制定整改措施，明确责任人、责任部门和整改完成时间；

（3）外包业务开工前，发包方应向承包方进行全面的安全技术交底，必须有完整的文字资料。未进行交底，禁止开工

[8-7] 特种作业证——吊车司机特种作业证过期

编号：8-7	隐患分类：安全管理	隐患子分类：安全管理	隐患级别：一般事故隐患

隐患问题：吊车司机特种作业证过期

吊车司机特种作业证过期

隐患描述及其后果分析：

检查施工企业的承包方资质，发现该承包方起重机械作业人员特种作业有效期已过，未及时进行考核，起重机械作业人员可能不了解新的操作规定，出现违规操作，易造成人员伤亡事故。《国家电网公司安全事故调查规程》第2.1.2.7条规定，无人员死亡和重伤，但造成3人以上5人以下轻伤者，构成七级人身事件

隐患排查标准要求：

《安全生产隐患管控治理措施标准》（京电安〔2015〕25号）规定，承包方未建立健全安全生产教育培训制度，安规培训考试记录不完整，人员技术素质不符合工程要求，上岗特殊工种无证件或证件过有效期，构成一般事故隐患

隐患管控治理措施：

（1）立即停止违规承包方工作资格，禁止该企业在公司所属生产经营区域内作业；

（2）单位对存在的问题制定整改措施，明确责任人、责任部门和整改完成时间；

（3）全部问题整改完成后将整改情况上报公司安监部；

（4）单位对未按整改措施完成整改的责任人进行考核，将整改和考核情况上报公司安监部备案，并重新制定有针对性的整改措施，并由各单位主管领导专题组织审核

CHAPTER 9

第九章

营销专业隐患排查
治理标准及典型案例

第一节 营销专业隐患排查治理标准

营销专业隐患排查治理标准

序号	一级分类	二级分类	标准描述	分级
1			重要客户外电源配备数量不满足要求	安全事件隐患
2			外电源线路敷设方式和路径不符合安全可靠运行标准	安全事件隐患
3			电气设备老化、超期服役，或使用国家明令淘汰的电气设备	安全事件隐患
4			继电保护装置工作不正常，有异常信号；自动装置验收，保护定值整定及传动试验不合格、超周期	安全事件隐患
5			继电保护装置类型及定值与上级变电站不匹配	安全事件隐患
6	其他	客户服务	客户外电源产权分界点处未安装产权分界隔离开关或产权分界隔离开关损坏	安全事件隐患
7			客户未按照要求配备自备应急电源	安全事件隐患
8			配电室房屋有渗漏雨、水淹、地基下沉、墙体开裂等安全隐患，室内设备顶部有灯具掉落、墙皮脱落等危及设备安全运行的可能	安全事件隐患
9			配电室未设置防鼠挡板、孔洞封堵、放置鼠药等防小动物措施	安全事件隐患
10			电工未持证件上岗；不具备事故判断处理能力；不掌握电气规程技术要求	安全事件隐患

第二节　典型案例

[9-1] 延时保护——用户配电室低压主断路器无延时

编号：9-1	隐患分类：营销	隐患子分类：客户服务	隐患级别：安全事件隐患
隐患问题：用户配电室低压主断路器无延时			

用户配电室低压主断路器无延时

隐患描述及其后果分析：

低压主断路器无延时，在瞬时故障时，可能造成重要用户部分停电，对设备安全运行造成隐患。《国家电网公司安全事故调查规程》第2.2.8.1条规定，10kV（含20kV和6kV）供电设备（包括母线、直配线）异常运行或被迫停止运行，并造成减供负荷者，可能造成八级电网事件

隐患排查标准要求：

《国家电网公司十八项电网重大反事故措施》第5.4.2条规定，重要电力客户供电电源的切换时间和切换方式要满足重要电力客户保安负荷允许断电时间的要求。对切换时间不能满足保安负荷允许断电时间要求的，重要电力用户应自行采取技术措施解决，未满足此项规定，构成安全事件隐患

隐患管控治理措施：

（1）书面告知客户存在隐患，并建议客户采取以下措施：梳理低压开关及母联保护定值，及时进行调整；加强电力设施的巡视检查，在重点电力设备保障区域开展值班值守，定时进行负荷和温度测试，掌握设备运行状况，并做好巡视检查记录，及时发现并处理设备缺陷，定期组织事故应急演练，确保发生事故时应能够及时有效开展处置工作；重大活动保障期间，避免非必要的电气操作。

（2）将重要客户隐患以正式文件形式向区政府报告。完善客户电气事故应急预案和发电车接入方案

[9-2] 设备超期——用户泵站内部设备检查 10kV 供电电源电气设备超试验、清扫周期运行

编号：9-2	隐患分类：营销	隐患子分类：客户服务	隐患级别：一般事故隐患

隐患问题：用户泵站内部设备检查 10kV 供电电源电气设备超试验、清扫周期运行

用户泵站内部设备检查 10kV 供电电源
电气设备超试验、清扫周期运行

隐患描述及其后果分析：

对用户泵站内部设备检查，发现 10kV 供电电源电气设备超试验、清扫周期运行，易造成设备超试验运行，导致设备损坏。《国家电网公司安全事故调查规程》第 2.3.7.1 条规定，造成 10 万元以上 20 万元以下直接经济损失者，构成七级设备事件

隐患排查标准要求：

《国家电网公司十八项电网重大反事故措施》第 5.4.3 条规定，根据对重要客户供电的输变电设备实际运行情况，缩短设备巡视周期、设备状态检修周期，未满足此项规定，构成一般事故隐患

隐患管控治理措施：

（1）将相关隐患情况以"用电检查结果通知单"的形式告知客户，督促用户对老化、超期服役或淘汰设备进行更换；

（2）督促用户加强设备运行维护和巡视检查；

（3）督促用户按照试验周期开展试验工作；

（4）健全完善电气事故应急预案，定期组织开展应急演练，确保发生事故时应能够及时有效开展处置工作；

（5）督促客户及时对老化、超期服役或淘汰电气设备进行更换，并提供专业技术支持

[9-3] 自备电源——用户泵站内部重要负荷无自备电源

编号：9-3	隐患分类：营销	隐患子分类：客户服务	隐患级别：安全事件隐患

隐患问题：用户泵站内部重要负荷无自备电源

用户泵站内部重要负荷无自备电源

隐患描述及其后果分析：

泵站内部设备无自备电源，如该泵站外电源故障，易造成泵站内负荷断电。《国家电网公司安全事故调查规程》第 2.3.7.1 条规定，造成 10 万元以上 20 万元以下直接经济损失者，构成七级设备事件

隐患排查标准要求：

《安全生产隐患管控治理措施标准》（京电安〔2015〕25 号）规定，客户未按照要求配备自备应急电源，构成安全事件隐患

隐患管控治理措施：

（1）将相关隐患情况以"用电检查结果通知单"的形式告知客户，督促用户进行整改；

（2）督促用户加强设备运行维护和巡视检查；

（3）督促用户按照试验周期开展试验工作；

（4）健全完善电气事故应急预案，定期组织开展应急演练，确保发生事故时应能够及时有效开展处置工作；

（5）督促客户按照重要负荷保障需求及时加装自备应急电源

[9-4] 带病运行——断路器保护装置故障，无法自动跳闸

编号：9-4	隐患分类：营销	隐患子分类：客户服务	隐患级别：安全事件隐患

隐患问题：断路器保护装置故障，无法自动跳闸

断路器保护装置故障，无法自动跳闸

隐患描述及其后果分析：

　　重要用户变配电设施缺陷运行，断路器下所带设备发生故障，造成断路器无法跳闸，将会造成 10kV 侧断路器动作，母线段可能全部失电，造成停电范围扩大。《国家电网公司安全事故调查规程》第 2.2.8.1 条规定，10kV（含 20kV 和 6kV）供电设备（包括母线、直配线）异常运行或被迫停止运行，并造成减供负荷者，构成八级电网事件

隐患排查标准要求：

　　《安全生产隐患管控治理措施标准》（京电安〔2015〕25 号）规定，继电保护装置工作不正常，有异常信号，构成安全事件隐患

隐患管控治理措施：

　　（1）对用户下发"用电检查结果通知单"，告知其 401 断路器保护装置故障无法自动跳闸的情况；

　　（2）该隐患治理前，加强日常巡视，有异常及时上报；

　　（3）尽快联系代维单位，调整保护定值，并做好试验；

　　（4）加强对用电设备的检查和管理，避免发生低电压故障；

　　（5）健全完善电气事故应急预案，定期组织开展应急演练，确保发生事故时应能够及时有效开展处置工作；

　　（6）督促客户及时开展试验校验，积极协助安排按周期进行试验

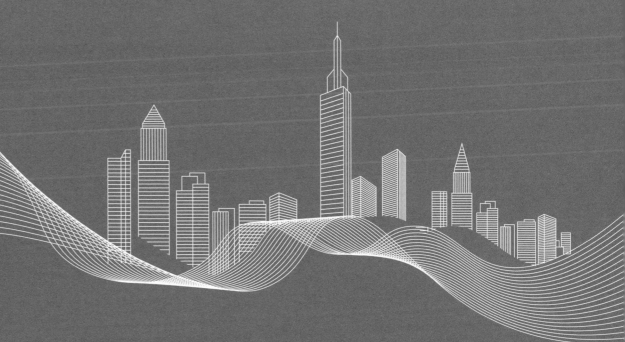

CHAPTER **10**

第十章

通信专业隐患排查
治理标准及典型案例

第一节　通信专业隐患排查治理标准

序号	一级分类	二级分类	标准描述	分级
1	系统架构	北京公司本部大楼路由	北京公司本部大楼及出局不具备两条及以上完全独立的光缆通道	一般事故隐患
2		各二级单位本部路由	地市供电公司级各二级单位本部及出局不具备两条及以上完全独立的光缆通道	一般事故隐患
3		重要厂站路由	调度机构、集控站、220kV及以上变电站、直调发电厂和通信枢纽站的通信光缆（电缆）未采用不同路由的电缆沟（竖井）进入通信机房和主控室	一般事故隐患
4			调度机构与其调度范围内的下级调度机构、集控站、220kV及以上变电站、直调发电厂之间不具备两个及以上独立通信路由	一般事故隐患
5		光缆路径	存在主备关系的220kV及以上两条光缆路径未完全独立（不同缆、不共沟、不同塔），当同一断面（同一沟道或杆塔）的光缆全部中断时，导致220kV以上站点脱网，业务中断	一般事故隐患
6	业务方式	继电保护	同一条220kV及以上线路的两套继电保护装置通道未采用两套独立的通信传输设备，不具备两条独立的路由，不具备两套独立供电的通信电源（或一体化电源）	一般事故隐患

序号	一级分类	二级分类	标准描述	分级
7	业务方式	继电保护	因缺陷处理临时将同一条线路的一条保护通道所用光缆路由切改至另一条保护通道所用光缆，处缺完毕后未恢复原运行方式，使得同一条线路的两条保护通道工作在同一光缆上	一般事故隐患
8			在通道开通后未与保护专业人员进行业务开通情况的确认，存在保护业务承载在应急复用通道上，即"一专一复"两条保护通道均承载在同一直达光缆路由的情况	一般事故隐患
9		调度自动化	调度机构与其调度范围内的 220kV 及以上变电站、直调发电厂之间的调度自动化实时业务未配置不同路由的主备双通道，220kV 及以上变电站、直调发电厂存在主备用关系的调度数据网业务通道未采用两套独立的通信传输设备，不具备两条独立的光纤电路	一般事故隐患
10	通信设备	通信光缆	OPGW 光缆在进站门形架处未可靠接地	安全事件隐患
11			OPGW、ADSS 光缆在进站门形架处引入光缆未悬挂醒目光缆标示牌	安全事件隐患
12			OPGW 光缆引下线未接地	安全事件隐患
13			光缆接头盒不符合规范要求	安全事件隐患
14			光缆架松动	安全事件隐患
15			地埋光缆敷设无钢管	安全事件隐患
16			地埋光缆无明显标识	安全事件隐患
17			光缆备用纤芯损坏	安全事件隐患

序号	一级分类	二级分类	标准描述	分级
18	通信设备	通信光缆	光缆运行环境差	安全事件隐患
19		光缆及电缆沟道	电网调度机构、集控站、220kV及以上变电站、直调发电厂和通信枢纽站的通信光缆（电缆）与一次动力电缆同沟（架）布放，不具备条件时未采取电缆沟（竖井）内部分隔等措施进行有效隔离。沟（架）内通信光缆（电缆）无防火阻燃和阻火分隔等安全措施，未绑扎醒目的识别标志	一般事故隐患
20			机房管沟孔洞封堵不及时或未封堵	安全事件隐患
21			沟道光缆未进行显著标识	安全事件隐患
22			管道、沟道积水或有异物掉落	安全事件隐患
23			站内光缆引下无钢管或钢管口封堵不严	安全事件隐患
24		通信机房设施	通信机房空调故障导致机房温湿度达不到要求，影响设备稳定运行	安全事件隐患
25			机房无有效灭火系统，机房消防设施未定期检测	安全事件隐患
26			机房无防小动物措施	安全事件隐患
27		通信电源	电网调度机构、集控站、220kV及以上变电站、直调发电厂和通信枢纽站的通信设备未配置两套及以上的通信电源系统	一般事故隐患
28			通信设备供电未采用独立空气开关或直流熔断器，各级开关和熔断器保护范围未逐级配合	一般事故隐患
29			站内各通信设备电源电缆接线不符合要求	安全事件隐患

序号	一级分类	二级分类	标准描述	分级
30	通信设备	通信电源	通信蓄电池组容量不足	安全事件隐患
31		通信设备	采用"双复用"的同一条线路的两套继电保护光电转换设备以及通信设备使用同一通信电源	一般事故隐患
32			线路纵联保护使用复用接口设备传输允许命令信号时，带有附加延时展宽	一般事故隐患
33			通信机房、通信设备（含电源设备）的防雷和过电压防护能力不满足电力系统通信站防雷和过电压防护相关标准、规定的要求	一般事故隐患
34			数据通信网网络设备无冗余	安全事件隐患
35			承载复用保护业务的通信设备核心板卡、业务板卡不具备主备冗余配置	安全事件隐患
36			各级电网调度机构（包括 ×× 备调）调度交换机、调度台未采用主备配置，交换机多功能板、调度台接口板未采用主备配置	安全事件隐患
37			各级电网调度机构（包括 ×× 备调）调度台未采用专用 UPS 电源供电	安全事件隐患
38			各级电网调度机构（包括 ×× 备调）调度交换录音系统未采用专用 UPS 电源供电	安全事件隐患
39		通信监控	具备接入通信网管系统能力通信设备（含通信电源系统），未接入通信网管系统进行实时监测	安全事件隐患

序号	一级分类	二级分类	标准描述	分级
40	通信设备	通信监控	具备独立通信电源的 35kV 及以上变电站未建立电源监控系统，或电源监控系统未接入有人值班的地方与通信综合监测系统	安全事件隐患
41			通信设备网管及综合网管系统安全分区管理界限不明，未按要求进行系统部署，未落实网管系统及有关移动存储介质、移动网管终端的安全管理措施和技术手段，未根据要求严格控制权限授予、数据操作、外设接入、远程维护	一般事故隐患
42			通信站内主要设备的告警信号（声、光）、告警装置、网管监测系统数据等不能真实可靠地反映设备运行状态	安全事件隐患
43	系统调度	系统调度	通信调度员上岗前未进行培训和考核	一般事故隐患
44			通信调度员不熟悉所辖通信网络状况和业务运行方式，不具备较强的判断、分析、沟通、协调和管理能力	一般事故隐患
45			未按通信网管系统运行管理规定要求，落实数据备份、病毒防范和安全防护工作	安全事件隐患
46	生产运行	检修工作	通信检修工作未按照通信检修管理规定要求开展检修工作，对通信检修票的业务影响范围、采取的措施等内容未进行审查核对，对影响一次电网生产业务的检修工作未按相关规定办理手续	一般事故隐患
47			因一次线路施工检修对通信光缆造成影响时，一次线路建设运维护部门未提前 5 个工作日通知通信运行部门，并按照电力通信检修管理规定办理相关手续，如影响上级通信电路，未报上级通信调度审批后办理开工手续，存在造成通信光缆非计划中断的情况	一般事故隐患

序号	一级分类	二级分类	标准描述	分级
48	生产运行	检修工作	未严格按照通信检修票工作内容开展工作，存在超范围、超时间检修的情况	一般事故隐患
49			未严格按照通信设备、仪表使用手册开展通信设备检修和故障处理工作，存在误操作造成设备、人员损伤的情况	一般事故隐患
50		业务调整	因通信设备故障以及施工改造和电路优化工作等原因需要对原有通信业务运行方式进行调整时，未在48h之内恢复原运行方式。超过48h，未编制和下达新的通信业务运行方式单，通信调度未与现场人员对通信业务运行方式单进行核实，未确保通信运行资料与现场实际运行状况一致	安全事件隐患
51		数据备份	各级电网调度机构（包括顺义备调）未按月进行调度交换机运行数据备份	安全事件隐患
52			调度交换机数据发生改动前后，未及时进行数据备份	安全事件隐患
53		日常运维	未按月进行调度录音系统检查和维护，存在运行可靠率降低、录音效果不佳、录音数据有误、存储容量不足的情况	安全事件隐患
54			未按半年周期对OPGW光缆、ADSS光缆和普通光缆进行专项检查，重点包括件光缆外观检查、接续盒检查与光缆备用纤芯测试等	安全事件隐患
55			未在每年雷雨季节前对接地系统进行检查和维护。存在连接处松动、接触不良、接地引下线锈蚀、接地体附近地面异常等情况	安全事件隐患
56			在通信设备保护地线与环行接地母线连接处上方安装设备或堆放电缆，未标注醒目的接地点标志	安全事件隐患

序号	一级分类	二级分类	标准描述	分级
57	生产运行	日常运维	变电站通信接地网未列入变电站接地网测量内容和周期，未每年对独立通信站、综合大楼、通信微波塔接地网的接地电阻进行测量	安全事件隐患
58			每年雷雨季节前未对运行中的防雷元器件进行检查	安全事件隐患
59			通信微波塔上架设或搭挂通信装置外的其他装置，如电缆、电线、电视天线等，存在构成雷击威胁的情况	安全事件隐患
60			微波铁塔未定期开展防腐、紧固等维护操作	安全事件隐患
61			微波铁塔塔身构件开裂、损坏或铁塔发生小角度倾斜	安全事件隐患
62			未按季度对通信设备的滤网、防尘罩进行清洗	安全事件隐患
63	应急管理	培训及演练	未按规定开展电视电话会议系统技能培训与应急演练工作，存在值机人员应对突发事件保障能力不足，影响会议质量的情况	安全事件隐患
64		应急预案	未安排落实通信专业在电网大面积停电及突发事件时的组织机构和技术保障措施	安全事件隐患
65			未及时滚动修编、补充完善通信系统主干电路、电视电话会议系统、同步时钟系统与复用保护通道的专项应急预案	安全事件隐患
66			未及时滚动修编、补充完善光缆线路、光传输设备、PCM 设备、微波设备、载波设备、调度及行政交换机设备、网管设备与通信专用电源系统的突发事件现场处置方案	安全事件隐患

第二节 典型案例

一、系统架构

[10-1] 电缆布置——楼内竖井存在通信光缆与一次动力电缆同沟布放，未实现强弱电未完全隔离

编号：10-1	隐患分类：信息通信	隐患子分类：系统架构	隐患级别：一般事故隐患

隐患问题：楼内竖井存在通信光缆与一次动力电缆同沟布放，未实现强弱电未完全隔离

楼内竖井存在通信光缆与一次动力电缆
同沟布放，未实现强弱电完全隔离

隐患描述及其后果分析：

楼内竖井存在通信光缆或电缆与一次动力电缆同沟布放，未实现强弱电完全隔离，易造成强电干扰弱电，导致通信设备失电，影响通信光缆的正常运行。《国家电网公司安全事故调查规程》第 2.3.7.8 条，B 类机房中的自动化、信息或通信设备失电，且持续时间 6h 以上，构成七级设备事件

隐患排查标准要求：

《安全生产隐患管控治理措施标准》（京电安〔2015〕25 号）规定，调度机构、集控站、220kV 及以上变电站、直调发电厂和通信枢纽站的通信光缆（电缆）未采用不同路由的电缆沟（竖井）进入通信机房和主控室，构成一般事故隐患

隐患管控治理措施：

（1）认真执行调度自动化系统及设备日常巡视制度，发现缺陷及时处理；

（2）将调度自动化系统进程中断信息、硬件故障信息等运行状况加入自动化值班报警系统，并通知责任人处理；

（3）制订主调调度自动化系统黑启动应急预案，并加以演练；

（4）完成通信大楼内部竖井通信电缆或光缆与一次动力电缆隔离布放，实现楼内竖井通信光缆或电缆与一次动力电缆分沟布放，实现强弱电完全隔离

二、通信设备

[10-2] 防雷击——500kV 变电站防雷器防护能力不满足电力防护相关标准

编号：10-2	隐患分类：信息通信	隐患子分类：通信设备	隐患级别：安全事件隐患
隐患问题：500kV 变电站防雷器防护能力不满足电力防护相关标准			

500kV 变电站防雷器防护能力不满足
电力防护相关标准

隐患描述及其后果分析：

巡视中发现 500kV 变电站 R12 高频开关电源，防雷模块击穿，易造成雷雨天气开关自动跳闸。《国家电网公司安全事故调查规程》第 2.3.8.9 条规定，机房不间断电源系统、直流电源系统故障，造成自动化、信息或通信设备失电，并影响业务办理，构成八级设备事件

隐患排查标准要求：

《安全生产隐患管控治理措施标准》（京电安〔2015〕25 号）规定，通信机房、通信设备（含电源设备）的防雷和过电压防护能力不满足电力系统通信站防雷和过电压防护相关标准、规定的要求，构成安全事件隐患

隐患管控治理措施：

（1）查看近期的天气预报，时刻关注是否有雷雨天气，做好防雷措施；

（2）将该站通信电源系统能够纳入高位风险管控范围，通过动力环境监控系统对该站高频开关电源交流供电和整流输出的运行状态进行实时监视；

（3）及时协调、准备隐患设备处缺所需备品备件；

（4）结合大修技改等相关工程进行整改，更换不合格的防雷器

[10-3] 接地——电厂站通信设备接地未可靠接地

编号：10-3	隐患分类：信息通信	隐患子分类：通信设备	隐患级别：安全事件隐患

隐患问题：电厂站通信设备接地未可靠接地

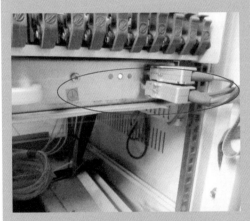

电厂站通信设备接地未可靠接地

隐患描述及其后果分析：

电厂站通信设备马可尼光端机未接地，不符合通信设备可靠接地要求。《国家电网公司安全事故调查规程》第2.3.8.9条规定，机房不间断电源系统、直流电源系统故障，造成自动化、信息或通信设备失电，并影响业务办理，构成八级设备事件

隐患排查标准要求：

《安全生产隐患管控治理措施标准》（京电安〔2015〕25号）规定，OPGW光缆在进站门形架处未可靠接地，构成安全事件隐患

隐患管控治理措施：

（1）对隐患设备暂采取临时接地措施，使设备临时满足可靠接地要求；

（2）采用标准25mm² 接地线，将设备接入机房接地系统

[10-4] 电源配置——110kV 变电站机房交流电源单路输入

编号：10-4	隐患分类：信息通信	隐患子分类：通信设备	隐患级别：一般事故隐患

隐患问题：110kV 变电站机房交流电源单路输入

110kV 变电站机房交流电源单路输入

隐患描述及其后果分析：

110kV 变电站机房奥特迅整流器和罗宾斯整流器交流电源单路输入，若该电源突发故障，该站无备用电源，易造成机房断电。《国家电网公司安全事故调查规程》第 2.3.8.9 条规定，机房不间断电源系统、直流电源系统故障，造成自动化、信息或通信设备失电并影响业务办理，构成八级设备事件

隐患排查标准要求：

《安全生产隐患管控治理措施标准》（京电安〔2015〕25 号）规定，奥特迅整流器和罗宾斯整流器交流电源单路输入，构成一般事故隐患

隐患管控治理措施：

（1）将该站通信电源系统纳入高危风险管控范围，通过动力环境监控系统对该站高频开关电源交流供电的运行状态进行实时监视，及时发现和解决系统故障；

（2）在站内配备 50A·h 容量的便携式磷酸铁锂应急电池并入系统提升后备供电时间；

（3）接入第二路交流输入电源

[10-5] 电源配置——110kV 变电站高频开关电源整流模块容量不满足冗余要求

编号：10-5	隐患分类：信息通信	隐患子分类：通信设备	隐患级别：安全事件隐患

隐患问题：110kV 变电站高频开关电源整流模块容量不满足冗余要求

110kV 变电站高频开关电源整流模块
容量不满足冗余要求

隐患描述及其后果分析：

110kV 变电站高频开关电源只有两个整流模块，容量不满足 120A·h 配置要求，易造成紧急情况下无法给通信设备提供稳定的应急电源，造成断电。《国家电网公司安全事故调查规程》第 2.3.8.9 条规定，机房不间断电源系统、直流电源系统故障，造成自动化、信息或通信设备失电，并影响业务办理，构成八级设备事件

隐患排查标准要求：

《安全生产隐患管控治理措施标准》（京电安〔2015〕25 号）规定，通信蓄电池组容量不足，构成安全事件隐患

隐患管控治理措施：

（1）将该站通信电源系统纳入高危风险管控范围，通过动力环境监控系统对该站高频开关电源 2 个整流模块的运行状态进行实时监视，及时发现和解决系统故障；

（2）做好通信电源系统应急处置预案的随时启动准备；

（3）补充 2 个 30A 的整流模块，满足 110kV 通信站点高频开关电源整流模块配置容量不小于 120A·h 的最低标准要求

[10-6] 防小动物——110kV 变电站机房无防小动物挡板

编号：10-6	隐患分类：信息通信	隐患子分类：通信设备	隐患级别：安全事件隐患

隐患问题：110kV 变电站机房无防小动物挡板

110kV 变电站机房无防小动物挡板

隐患描述及其后果分析：

巡视中发现 110kV 变电站机房无防小动物挡板易造成小动物进入变电站机房，影响设备的安全运行，造成机房断电。《国家电网公司安全事故调查规程》第 2.3.8.9 条规定，机房不间断电源系统、直流电源系统故障，造成自动化、信息或通信设备失电并影响业务办理，构成八级设备事件

隐患排查标准要求：

《安全生产隐患管控治理措施标准》(京电安〔2015〕25 号)规定，机房无防小动物措施，构成安全事件隐患

隐患管控治理措施：

（1）加强机房环境监控，特别是房间各角落部分，同时进入机房工作时及时关门，防止小动物趁机进入；

（2）对机房周边的沟道进行封堵，楼层间竖井、孔洞应进行有效隔断；

（3）内机房安装防小动物挡板，高度一般不低于 50cm 或加装自动闭门器

三、系统调度

[10-7] 信息安全——信息内网计算机存在安全漏洞

编号：10-7	隐患分类：信息通信	隐患子分类：系统调度	隐患级别：安全事件隐患
隐患问题：信息内网计算机存在安全漏洞			

信息内网计算机存在安全漏洞

隐患描述及其后果分析：

采用绿盟科技远程安全评估系统对网络进行评估，发现 134 台信息内网计算机存在安全漏洞，可造成远程信息泄漏、远程执行命令、远程数据修改等，易引起信息内网机密泄漏。《国家电网公司安全事故调查规程》第 2.4.2.1（1）条规定，数据（网页）遭篡改、假冒、泄露或窃取，对公司安全生产、经营活动或社会形象产生重大影响，构成六级信息系统事件

隐患排查标准要求：

《安全生产隐患管控治理措施标准》（京电安〔2015〕25 号）规定，按通信网管系统运行管理规定要求，落实数据备份、病毒防范和安全防护工作，构成安全事件隐患

隐患管控治理措施：

（1）网络管理员、系统管理员、安全管理员关注安全信息、安全动态及最新的严重漏洞，攻与防的循环，伴随每个主流操作系统、应用服务的生命周期；

（2）采用绿盟科技的"冰之眼"网络入侵检测系统实时监控网络流量，及时发现病毒感染源；

（3）及时的漏洞修补，防止病毒、攻击者的威胁；

（4）采用绿盟科技远程安全评估系统定期对网络进行评估，真正做到未雨绸缪；

（5）定期检查通信网管系统运行管理规定施的落实情况，对检查出的问题进行整改，情况严重的按照规定予以考核

CHAPTER **11**

第十一章

后勤管理专业隐患排查
治理标准及典型案例

第一节 后勤管理专业隐患排查治理标准

后勤管理专业隐患排查治理标准

序号	一级分类	二级分类	标准描述	分级
1		消防安全管理	办公场所、宿舍小区周边堆放杂物	安全事件隐患
2			缺少消防设备设施，或消防设备设施老化、锈蚀	安全事件隐患
3			消防设备设施严重老化，火灾自动报警与控制系统、消防广播等设备失灵	一般事故隐患
4			办公楼内疏散指示标识、指示灯数量不足，存在故障，指示功能缺失	安全事件隐患
5	后勤管理	房屋安全管理	宿舍房屋年久失修，外墙、屋顶、管线等老化破损，在极端气候下可能造成伤害事件	一般事故隐患
6		特种设备安全管理	特种作业人员不具备相应特种设备操作证或逾期未审验	一般事故隐患
7			使用过程中未按规程要求对特种设备安全技术性能进行定期检验	一般事故隐患
8			特种设备超过安全技术规范规定使用年限，使用单位未及时申请予以报废	一般事故隐患
9		车辆及交通安全管理	车辆准驾人员未定期参加交通安全培训	安全事件隐患

序号	一级分类	二级分类	标准描述	分级
10	后勤管理	车辆及交通安全管理	车辆无路单上路行驶	安全事件隐患
11			车辆未配备灭火器，或灭火器不在有效期内	一般事故隐患
12			车辆未按时年检	一般事故隐患
13			车辆带病上路	一般事故隐患

第二节　典型案例

一、消防安全管理

[11-1] 堆放异物——公司办公楼地下室楼梯堆放易燃物品

编号：11-1	隐患分类：后勤管理	隐患子分类：消防安全管理	隐患级别：安全事件隐患
隐患问题：公司办公楼地下室楼梯堆放易燃物品			

办公楼地下室楼梯堆放易燃物品

隐患描述及其后果分析：

公司办公室后勤管理人员在对办公楼例行检查时，发现办公楼地下室楼梯堆放易燃物品，容易引发火灾威胁公司办公楼设备和人员安全。《国家电网公司安全事故调查规程》第 2.3.7.6 条规定，发生火灾，可能造成七级设备事件

隐患排查标准要求：

《安全生产隐患管控治理措施标准》（京电安〔2015〕25 号）规定，办公场所、宿舍小区周边堆放杂物，构成安全事件隐患

隐患管控治理措施：

（1）责任班组发现隐患及时填报，及时清理，不能及时清理的应制定切实可行的突发事件应对措施，确保突发事件情况下能够快速、有效应对；

（2）加强运行巡视检查，根据环境隐患实际情况，适时增加巡视，并及时报告新情况；

（3）缩短消防设施专业人员检查检测周期，确保消防设施可靠有效投运，消除各类消防安全隐患

[11-2] 消防设施——建筑消防保障措施无法预警或无法及时扑灭火情

编号：11-2	隐患分类：后勤管理	隐患子分类：消防安全管理	隐患级别：安全事件隐患

隐患问题：建筑消防保障措施无法预警或无法及时扑灭火情

**建筑消防保障措施无法预警或
无法及时扑灭火情**

隐患描述及其后果分析：

办公楼建造较早，只有一个消火栓且接在自来水系统中，无消防报警、烟感和喷淋等设施，消防设施不完善，发生火情时，可能无法预警或及时扑灭火情和发生火灾事件。《国家电网公司安全事故调查规程》第2.3.7.6条规定，发生火灾，可构成七级设备事件

隐患排查标准要求：

《安全生产隐患管控治理措施标准》（京电安〔2015〕25号）规定，缺少消防设备设施，或消防设备设施老化、锈蚀，办公楼内疏散指示标识、指示灯数量不足，存在故障，指示功能缺失，构成安全事件隐患

隐患管控治理措施：

（1）上报消技防改造项目，列入后勤非生产性技改项目，资金批复下达后立即组织实施：增加消防控制室、增加消防报警装置系统、增加消火栓系统、增加应急照明系统；满足消防规范要求；

（2）在隐患消除前，利用修缮资金维护好院内的消防水龙带，配备足量的灭火器材，加强值班巡视力量；

（3）申请维保成本，定期检验消技防设施；

（4）积极与地方消防支队沟通，每天配备后勤值班人员，干燥季节前后认真巡查，及时清理院内易燃杂物

二、房屋安全管理

[11-3] 房屋——公司内部食堂外部屋顶火灾隐患

编号：11-3	隐患分类：后勤管理	隐患子分类：房屋安全管理	隐患级别：一般事故隐患
隐患问题：公司内部食堂外部屋顶火灾隐患			

公司内部食堂外部屋顶火灾隐患

隐患描述及其后果分析：

公司内部食堂外部屋顶为发泡沫彩钢板，由于发泡沫彩钢板不属于阻燃材质，如遇明火极易引起火灾，对公司财产及人身造成危害，存在一定的火灾隐患。《国家电网公司安全事故调查规程》第 2.1.2.7 条规定，无人员死亡或重伤，但造成 3 人以上 5 人以下轻伤者，可能构成七级人身事件

隐患排查标准要求：

《安全生产隐患管控治理措施标准》（京电安〔2015〕25 号）规定，宿舍房屋年久失修，外墙、屋顶、管线等老化破损，在极端气候下可能造成伤害事件，构成一般事故隐患

隐患管控治理措施：

（1）立即通知相关部门，设立警示标志；

（2）检查现场整体情况，制订清理方案，组织人员进行清除，督促责任人尽快按照要求进行整改；

（3）制订巡检计划，明确责任人及时间，确保不发生安全事故；

（4）列入年度维修计划，及时安排更换安装

三、车辆及交通安全管理

[11-4] 车辆本体——公司生产用户车辆刹车灯损坏

编号：11-4	隐患分类：后勤管理	隐患子分类：车辆及交通安全管理	隐患级别：一般事故隐患
隐患问题：公司生产用户车辆刹车灯损坏			

生产用户车辆刹车灯损坏

隐患描述及其后果分析：

公司车辆管理人员在检查车辆中发现刹车灯不亮，在车辆行驶中，可能出现后车追尾事故，造成车辆或人身损伤。《国家电网公司安全事故调查规程》第 2.1.2.8 条规定，无人员死亡和重伤，但造成 1~2 人轻伤者，可能造成八级人身事件

隐患排查标准要求：

《安全生产隐患管控治理措施标准》（京电安〔2015〕25 号）规定，车辆带病上路，构成一般事故隐患

隐患管控治理措施：

（1）停止使用隐患车辆，对其他车辆检查巡视工作，有异常情况立即上报；

（2）及时对车辆进行定期保养；

（3）由车辆管理人员立即安排对带病车辆进行修理维护，确保人身安全